해볼
만한
수학

해볼 만한 수학 (기초편)

1판 1쇄 펴냄 2023년 6월 30일
1판 2쇄 펴냄 2024년 4월 30일

지은이 이창후

주간 김현숙 | **편집** 김주희, 이나연
디자인 이현정, 전미혜
마케팅 백국현(제작), 문윤기 | **관리** 오유나

펴낸곳 궁리출판 | **펴낸이** 이갑수

등록 1999년 3월 29일 제300-2004-162호
주소 10881 경기도 파주시 회동길 325-12
전화 031-955-9818 | **팩스** 031-955-9848
홈페이지 www.kungree.com
전자우편 kungree@kungree.com
페이스북 /kungreepress | **트위터** @kungreepress
인스타그램 /kungree_press

ISBN 978-89-5820-845-7 03410

해볼 만한 수학

개념부터
이해하는
수학공부

기초편

파깨비 선생님과
수학 파헤치기

이창후 지음

궁리
KungRee

머리말

수학을 좋아하는 학생은 많지 않다. 나도 그중 한 명이었다. 대학을 철학과로 입학하게 되었을 때는 쾌재를 불렀다.

"이제는 수학 공부를 안 해도 된다!!"는 해방감 때문이었다. 그런데 1년 후 나는 스스로 수학 공부를 하고 있었다. 공부하지 않아도 된다는 자유로움이 오히려 수학에 이끌리게 해주었고, 모든 학문 연구의 바탕에 수학이 있다는 것을 깨달았기 때문이다. 결국 박사과정에서 수리논리학을 전공하게 되었다.

내가 수학책을 쓰게 된 것은 전공 때문이 아니다. 반대로 지난날 내가 수학을 잘하지 못한 학생이었다는 것이 크다. 수학을 이해하는 데 어려움을 겪었던 나, 하지만 한 가지 재능이 있었다. 그것은 수학 공부를 하면서 내가 무엇을 이해 못 했는지, 또 그것을 어떻게 이해했는지를 잘 기억한다는 것이다. 그리고 나름대로 이런저런 글쓰기를 하면서 얻은 문장력으로 평범한 사람이 겪는 수학 공부의 문제점과 해결법을 잘 전달하고 가르칠 수 있게 되었다. 이 책도 그런 맥락에서 쓰게 된 것이다.

수학은 여전히 학생들에게 인기가 없지만, 그런데도 수학은 사라지기는커녕 오히려 그 중요성이 점점 높아지고 있다. 왜 그럴까? 선생님들이 학생들을 괴롭히려고 하기 때문이 아니다. 세상이 수학으로 이루어져 있기 때문이다. 더 구체적으로 말해서 현대 문명과 기술이 수학으로 이루어져 있다.

미국 조지타운대학교의 교육인력센터에서는 과학/공학/기술/수학(STEM)을 전공한 사람들의 임금이 다른 분야를 전공한 사람들보다 월등히 높다고 발표했다. 발 앞의 한국 현실에서도 학생들의 이공계 쏠림 현상이 나타난 지 오래다.

이공계? 전부 수학을 사용한다. 과학/공학/기술/수학(STEM)? 거창하게 여러 분야를 말하지만, 모두 수학을 모르면 공부할 수 없는 분야다.

이렇게 세상은 이미 수학으로 가득 차 있다. 그리고 많은 학생들은 수학이 싫어서 불행하다. 어떻게 해야겠는가? 행복하기 위해서는 둘 중의 하나를 해야 한다. 세상에서 수학을 없애든지, 아니면 세상을 가득 채운 수학을 내가 조금이라도 더 좋아하든지.

무엇을 택할 것인가? 수학을 더 좋아하는 것을 택할 수밖에 없다. 그럼 어떻게 해야 그럴 수 있나? 수학을 더 이해해야 한다.

수학은 이해와 사고력을 필요로 하는 분야인데, 시험 문제 풀기에 바쁜 많은 학생들이 개념과 문제를 이해하지를 못한다. 왜 이해가 부족한가? 시간도 부족하지만, 좋은 설명도 부족하다.

이 책은 수학의 세계와 무관하다고 생각했던 내가 수학을 다시 보게 되고 즐기게 되기까지, 나의 경험을 담아 쓰였다. 특히 내가 목표로 한 '좋은 설명'을 명료한 언어와 그림자료로 풀어내려고 애썼다.

일단 이 책에서는 고등학교 수학 교과 내용을 기준으로 설명한다. 고교 수학의 모든 부분을 설명하지는 못한다. 그렇게 한다면 분량이 너무 많아질 것이다. 또 그럴 필요도 없다. 많은 학생들이 이미 배웠기 때문이다.

내가 설명하려는 것은 학생들이 많이 빠뜨리는 부분을 보충하는 것이다. 목표는 단순하다. 학생들의 마음속에 숨어 있는 다음 질문에 대해 답한다. "내가 지금 무슨 계산을 하고 있는 것일까?" 즉 나는 수학 문제를 풀면서 여러분이 계산하는 것의 의미를 설명한다. 최소한의 설명으로, 가능하면 한눈에 이해할 수 있는 방식으로 말이다.

이 책이 우리나라의 학생들이 수학을 조금이라도 좋아하는 데 자그마한 도움으로 닿기를 바란다.

2023년 6월

이창후

차례

1

다항식의 연산

: 수학의 기호 표현법 :

고등학교 교과서에서 제일 먼저 공부하는 다항식.

여기에 이상한 부분이 있다.

대부분의 학생들이 곧 익숙해져서 이것을 문제 삼지는 않지만, 곰곰이 생각해보면 이상하다.

수학(數學)을 공부한다고 해서 수(숫자)*를 계산하는 방법에 대해서 배울 것이라고 생각했는데, 막상 교과서에는 숫자보다 문자들이 줄줄이 나온다.

영어 교과서만큼이나 $a, b, c, \cdots$가 많다. 왜 그럴까?

답을 간단히 말하면, 수학 시간에 우리는 12와 70이라는 두 숫자의 계산법에 대해서 배우는 것이 아니라 어떤 숫자든 계산하는 법에 대해서 배우기 때문이다.

이 답이 어렵지 않을 것이다.

하지만 그 상세한 내용을 한 번쯤 명확하게 정리할 필요가 있다.

수학 선생님들이 아무도 명확하게 설명해주지 않는 내용, 그러면서도 수학 선생님들은 학생들이 잘 알 거라고 생각하는 내용, 동시에 꽤나 많은 학생들이 때때로 이해하지 못하는 내용이다.

* '수'와 '숫자'는 다른 개념이다. 하지만 이 책에서는 직관적인 이해를 위해 많은 곳에서 같은 의미로 쓰겠다.

그것은 수학에서 사용하는 기호 표현법에 관한 내용이다.

그 내용은 좀 어렵다. 왜?

이 표현법들은 대략 2천 년 동안 발전해왔다. 학생인 우리는 몇 년 안에 그것을 이해해야 한다.

2천 년의 지식을 몇 년 안에! 쉬울 리가 없다.

하지만 좀 어려워도 낙담하지 말자. 이 책에서 쉽게 확인해보자.

: 숫자의 표현법 :

숫자의 의미인 수(number)는 빈칸들이다. 예를 들어 2+3=5의 뜻은 다음과 같다.

□□에 □□□를 보태면 □□□□□이다.

다음 두 사람의 대화를 보자.

파깨비: 사과 2개와 사과 3개를 더하면 사과 5개야. 봐! 손가락 2개와 손가락 3개를 더하면 손가락 5개잖아.

오깨비: 사과는 손가락이 아니잖아~!

파깨비는 2+3=5를 빈칸으로 이해했다. 그래서 거기에 사과나 손가락을 똑같이 넣을 수 있다고 생각했다.

오깨비는 이것을 이해하지 못했다. 그래서 빈칸 '안에 들어가는 것'을 따지고 있다. 이것은 수학을 잘 모르는 사람의 생각이다.

수학에 필수적인 이런 사고방식을 '추상화'라고 한다.

추상화란 초점을 맞추는 핵심만 남기고 나머지는 생각하지 않는(그래서 지우는) 사고이다.

개수의 덧셈에만 관심을 기울인다. 그래서 사과든 손가락이든 같은 대상이라면 뭐든지 빈칸 안에 들어갈 수 있다. 이것은 매우 고급 사고능력이다.

위의 대화에서 파깨비는 추상화를 이해하지만 오깨비는 이해하지 못하고 있다.

추상화가 고급의 사고능력이라고? 이 정도를 어려워할 학생들은 없지 않을까. 하지만, 이 쉬운 추상화를 조금의 변형 없이 정확히 2단계만 반복해도 극도로 어려워진다.

: 문자의 도입 :

🍎🍎에 🍎🍎🍎를 보태면 🍎🍎🍎🍎🍎이다.

이것에서 '사과(🍎)'를 지우고 생각한다. 이것이 추상화이다.

추상화란? "사과가 아니라 뭐든지 좋다"라고 생각하는 것이다.

그래서 $2+3=5$가 나왔다.

자, 여기에 1단계 추상화를 더 해보자.

$2+3=5$에 대한 추상화란? "2나 3, 5가 아니라 어떤 수든지 좋다"라고 생각하는 것이다.

그래서 $a+b=c$가 나타난다.

$2+3=5$, 즉 □□+□□□=□□□□□에서, 이 빈칸에 사과의 개수나 바나나의 개수, 더 나아가서 물의 양이나 자동차의 속도 등 뭐든지 들어갈 수 있듯이, $a+b=c$에서 a, b, c에는 어떤 숫자든지 들어갈 수 있다.

□는 사물이 들어가는 빈칸이었는데, a, b, c는 이런 숫자들이 들어가는 빈칸이다.

즉 $a+b=c$는 $\square_a+\square_b=\square_c$인 것이다.

($\square_a$는 a라고 표시해둔 빈칸이고 $\square_b$는 b라고 표시해둔 빈칸이다.)

그런데 의문이 든다.

$2+3=5$(□□+□□□=□□□□□)는 옳은 수식이지만, $a+b=c$

는 특별히 옳고 그름을 따질 내용이 없다는 점에서 무의미해 보인다.

그렇다. 그래서 문자로 쓰는 수학적 내용은 $a+b=c$에 그치지 않고 수학 교과서에 나타나는 곱셈공식 $(a+b)(a-b)=a^2-b^2$ 등에 활용한다.

한 마디로 말해, 보다 복잡한 숫자들의 결합을 표시할 때 문자를 쓴다.

: 미지수와 계수 :

여기에 미지수와 계수를 구분해서 쓰면 일반적인 방정식이 된다.

숫자들이 들어가는 빈칸들이 있는데 이 빈칸들에 다른 성격을 부여하는 것이다.

$ab+c=d$에서 a, b, c, d에 모두 어떤 수가 들어가긴 하는데, a와 c, d에 들어가는 수는 어떤 고정된 수가 들어가는 것이고, b에는 변하는 수 혹은 '아직은' 잘 모르는 수가 들어간다고 생각하자. 이때 a와 c, d를 계수나 상수라 하고 b를 미지수라 한다.

미지수란, 아직(미(未)) 알지(지(知)) 못하는 수(數)라는 말이다.

그리고 이렇게 b를 미지수로 나타내기 위해서 주로 x, y, z 등의 문자를 쓴다.

그래서 $ax+c=d$라고 쓴다.

만약 b와 c를 각각 미지수로 생각한다면 $ax+y=d$라고 쓴다.

> "a, b나 x, y나 어차피 어떤 수가 들어가는 빈칸이라는 뜻이라면 그냥 $ab+c=d$라고 써두어도 되지 않나?"

그렇다. 이것도 옳다. 그래서 $ab+c=d$라고 쓰고서 그냥 'b가 미지수'라고 생각해도 된다.

그래도 사람들은 "$ax+c=d$"라는 방식을 더 많이 쓴다.

왜냐하면 어느 빈칸에 어떤 의미를 부여했는지, 그리고 그 의미 차이가 무엇인지를 기억하는 데 도움이 되기 때문이다.

남들이 하는 방식이라서 더 옳은 것은 아니지만, 그 방식이 더 편리할 것이다.

: 식을 대신하는 문자 :

이제 2단계 추상화를 더 해보자. 이것은 $ax+c=d$와 같은 식을 넣는 빈칸을 의미한다.

수학 교과서에 자주 나오는 예가 다음과 같은 식이다.

$$f(x)=(x-a)Q(x)+R$$

여기서 $f(x)$와 $Q(x)$가 바로 문자로 표시된 식이 들어가는 빈칸이다.

궁금한 것이 있을 것이다.

첫째, 왜 f나 Q라 하지 않고 $f(x)$와 $Q(x)$라 했는가?

일단, 문자식이 들어가는 빈칸의 이름을 f나 Q로 해도 된다.

그것은 a 대신에 $f(x, y, z(\alpha))$라 쓰고, b 대신에 $g_{23}^{R(\beta)}(\pm x^y)$이라는 기호를 써서, $a+b$를 $f(x, y, z(\alpha))+g_{23}^{R(\beta)}(\pm x^y)$으로 표시해도 되는 것과 같다.

사실 a든 $f(x, y, z(\alpha))$든 둘 다 빈칸의 이름일 뿐이므로 상관이 없다.

하지만 간단히 a라고 쓰면 될 것을 왜 굳이 복잡하게 $f(x, y, z(\alpha))$라는 기호를 쓸 것인가? 그럴 필요가 전혀 없다.

문자는 기호일 뿐이고, 기호는 짧을수록 편리하다.

하지만 하나의 조건이 더 붙으면 편리하다.

이왕 빈칸의 이름으로 기호를 쓴다면 그 빈칸에 들어가는 것들의 내용을 잘 표시해주는 것이 더 좋다.

티셔츠와 바지가 들어 있는 상자에는 '의류'라고 쓰고 샌들과 운동화가 들어 있는 상자에는 '신발'이라고 쓰는 것이, '의류' 대신에 a라 쓰고 '신발' 대신에 b라고 쓰는 것보다 편리하듯이.

그래서 '미지수 x에 대한 식'이라는 뜻으로 $f(x)$와 $Q(x)$라는 기호를 쓴다.

둘째, $f(x)$와 $Q(x)$에는 반드시 x가 포함된 식이 들어가야 하는가?

왜 이런 걸 따지는가?

만약 $f(x)$에 '$x-5$'가 들어가고 a에 2가 들어간다면 다음과 같이 될 것이다.

$$x-5=(x-2)Q(x)+R$$

그러면 $Q(x)$는 1이 되고 R은 -3이 된다. 1은 $Q(x)$의 성분이 아닌 것 같다.

이런 일을 막을 수 있을까?

막을 수 없다. 하지만 막을 필요도 역시 없다. (괜찮다는 말이다.)

왜냐하면 1을 x에 대한 식으로 볼 수 있기 때문이다. 즉, $1=0 \cdot x+1$이다.

혹은 $1=0 \cdot x^2+0 \cdot x+1$로 볼 수도 있다. 이런 방식으로 더 고차식으로 이해할 수도 있다.

x에 대한 식이라면 $ax^n+b^{n-1}+\cdots+d$가 되어야 한다.

여기서 a, b 등의 계수가 0이 되면 안 된다는 조건은? 그런 거 없다.

오직 x에 대한 식이 2차식일 때만 x^2의 계수가 0이 되면 안 되고, 3차식일 때는 x^3이 0이 되면 안 될 것이다. 물론 그보다 높은 차수의 계수는 모두 0이 되어야 하겠지만.

: 중간 정리 :

사과 2개와 사과 3개를 더하면 사과 5개가 된다는 것을 $2+3=5$로 생각하는 것이 추상화이다.

이 추상화를 1단계, 혹은 2단계씩 높이면 많이 어려워진다고 했다.

$f(x)=(x-a)Q(x)+R$과 같은 식이 추상화를 2단계 더 한 것이다.

이런 식이 까다롭게 느껴졌다면?

그건 여러분이 이런 표기법으로 무엇을 나타내는지, 왜 그런 생각을 하는지를 몰랐기 때문일 것이다.

: 왜 곱하기 기호는 생략하는가? :

사칙연산은 초등학교 때부터 배운다. 수학 계산의 기본이다.

이상한 것이 하나 있다. 아주 단순한 문제다. 어떤 사람들은 답을 알고 있고, 더 많은 사람들은 어렴풋한 정도로만 답을 알고 있을 것이다.

중학교에서 고등학교 과정으로 수학 공부를 하다 보면 어느 단계에서 $+$, $-$, $\times$, $\div$ 중에서 곱하기($\times$) 기호만 생략한다. 숫자$\times$숫자를 계산할 때에는 생략할 수 없었던 곱하기 기호가 문자 기호가 등장하면서 생략이 가능해진다.

ab는 항상 $a\times b$를 의미한다. 이상하다.

$2+3=5$. 이 표현은 초등학교 때부터 고등학교 졸업할 때까지 바뀌지 않는다. 대학 가서도 바뀌지 않는다. $7-4=3$, 이 빼기 표현도 마찬가지다.

나누기($\div$)는, 때때로 분수 기호(/)로 바뀌기도 한다. 두 의미가 같다는 것은 쉽게 이해할 수 있다. 기호를 생략하지는 않는다.

그런데 곱하기 기호는 어느 단계부터 생략해버린다. 왜 그럴까?

많은 학생들이 한순간 궁금하게 생각하고는 이 궁금증 자체를 잊어버린다. 간단히 기억할 수 있어서 시험에서 어떤 문제를 풀 때도 전혀 신경 쓰이지 않는다.

그래도 한 번쯤은 왜 그런지 생각해보고 그 이유를 알아야 하지 않을까.

답은 의외로 간단한 데에 있다.

우리의 일상 용어를 그대로 수학 기호에 반영하는 것이다.

"사과 2개"라는 표현을 보자. 이것은 "사과×2개"이다. 그리고 "2개"도 "2×개"를 의미한다.

'사과 2개'에서 '개'는 단위다.

단위는 모두 곱해진다. 예를 들어 물이 4리터 있다고 해보자. 이것은 물 '1리터'에, 혹은 그냥 물 '리터'에 4가 곱해진 것이다.

'물 4리터'는 또한 '4리터'에 '물'이 곱해진 것이라고 볼 수 있을까?

그렇다.

조금 어색하기는 하다. 하지만 이렇게 생각했을 때 문제될 것은 없다.

어색하긴 한데, 공집합도 하나의 집합으로 치는 것 정도로만 어색하다. 얼핏 느낌은 이상할지 모르지만 틀리거나 문제가 생기지는 않는다는 말이다.

수학에서는 이런 사고방식을 많이 도입한다.

논리적으로 정확하면서도 단순한 사고방식을 택하려고 하기 때문이다.

정리를 해보자.

왜 곱하기 기호를 생략하는가?

우리의 일상 언어 속에 이미 곱하기 기호가 생략되어 있기 때문이다.

: 아무도 모르는 인수분해 기본 공식 유도 :

우리는 인수분해를 곱셈공식의 거꾸로 방향으로 배운다. 가장 간단한 예를 들어보자.

우리는 곱셈공식에서 다음의 공식을 본다.

$$(a+b)^2=a^2+2ab+b^2$$

곧이어 인수분해 단원으로 들어가서는 다음의 공식을 배운다. 필수 암기사항이다.

$$a^2+2ab+b^2=(a+b)^2$$

그런데 수학은 근본적으로 암기 과목이 아니다.

수학의 모든 것에는 직접적인 이유가 있다.

이 인수분해 공식도 단지 곱셈공식을 거꾸로 했기 때문에 성립하는 것이 아니라, 인수분해 공식 자체로도 성립한다. 즉 좌변에서(→) 우변으로 가는 계산 방법이 있다.

그것은 무엇일까?

무슨 말이냐 하면 $a^2+2ab+b^2$에서 출발해서 $(a+b)^2$으로 가는 직접적인 계산 방법이 있다는 말이다.

그것은 "인수분해가 원래 곱셈공식의 거꾸로일 뿐이야"라고 말하는 것이 아니어야 한다.

생각보다 이것을 정확하게 설명할 수 있는 사람은 많지 않다.

내가 중학교 3학년 때 인수분해를 처음 교과서에서 배우면서 궁금했던 것도 이거였다. 그래서 주변에 있는 우등생 형이나 누나들에게 물어보았다.

수학 성적이 좋고 인수분해 문제를 척척 풀 줄 아는 형이나 누나들 말이다. 그런데 아무도 분명하게 설명해주지 못했다.

"글쎄……? 이건 그냥 곱셈공식에서 나오는 건데……"

이것이 그들이 말한 대답이었다.

그러다가 수학과 무관해 보이는 이모부에게서 마침내 설명을 들을 수 있었다. 다음과 같은 내용이었다.

$$a^2+2ab+b^2=a^2+ab+ab+b^2$$

여기서 앞의 두 항에서 a를 묶어내고 뒤의 두 항에서 b를 묶어낸다. 그러면,

$$a^2+ab+ab+b^2=a(a+b)+b(a+b)$$

그리고 다시 공통된 $(a+b)$를 묶어낸다. 그래서 이런 식을 얻는다.

$$a(a+b)+b(a+b)=(a+b)^2$$

참고로 다음 공식은 어떻게 유도할까?

$$a^2-b^2=(a+b)(a-b)$$

이것도 근본적으로 동일하다.

$$\begin{aligned} a^2-b^2 &= a^2+ab-ab-b^2 \\ &= a(a+b)-b(a+b) \\ &= (a+b)(a-b) \end{aligned}$$

: 인수분해란 무엇인가? :

인수분해의 의미를 간단히 알아보자. 이것은 무엇인가?

답은, 그것이 '식의 소인수분해'라는 것이다.

우리는 인수분해를 배우기 전에 숫자의 '소인수분해'에 대해서 배운다.

'소인수분해'라는 말에 '인수분해'라는 말이 포함되어 있지만, 놀랍게도 둘의 관계에 대해서 생각하는 학생들은 많지 않다.

적어도 나는 그 생각을 고등학교 내내 하지 못했다. 나와 비슷한 학생들이 많을 것이다.

먼저 소인수분해가 무엇인지 간단히 기억해보자.

12를 소인수분해하면? $2\times2\times3=12$, 그리하여 $12=2^2\cdot3$이 된다.

왜 $12=4\times3$으로 인수분해하지 않는가?

이것도 인수분해이다. 왜냐하면 4는 12의 인수이기 때문이다.

4에 어떤 수(3)를 곱해서 12가 나왔으니 4는 인수이다. 그리고 12를 그 인수들의 곱으로 나타냈으니 그것은 곧 인수분해를 한 것이다.

단, '소인수'로 분해하지는 않았다.

소인수는 소수(素數)인 인수를 말한다. 소수는 1과 자기 자신 이외에는 다른 인수가 없는 수, 쉽게 말해 더이상 나누어지지 않는 수를 말한다.

이제 식의 인수분해로 돌아가면, 우리가 다항식과 관련해서 배우는 '인수분해'는 식의 소인수분해이다.

식에 대해서도 똑같이 생각하면 된다.

x^4-1을 인수분해한다면 1차적으로 다음과 같이 할 수 있다.

$$x^4-1=(x^2+1)(x^2-1)$$

이것도 인수분해를 한 것이다. 하지만 시험에서는 틀린 것으로 채점된다.

왜냐하면 $x^2-1=(x+1)(x-1)$로 인수분해가 되기 때문이다. 이것은 12를 4×3으로 인수분해한 것과 같다. 미완성이다.

정답을 맞히려면 다음과 같이 해야 한다.

$$x^4-1=(x^2+1)(x+1)(x-1)$$

이것이 $12=2^2\cdot 3$으로 인수분해한 것에 해당한다. 완성이다.

수학시간에 식의 인수분해를 할 때는 식의 '소인수분해'를 해야 함을 알 수 있다.

끝으로 한 가지를 강조하겠다.

x^4-1, x^2+1, $x+1$, $x-1$ 등의 모든 식은 모두 어떤 숫자를 의미한다. 당연한 이야기지만, 이것을 명확하게 생각하지 않는 학생들이 매우 많다.

그러므로 식의 인수분해도 사실 숫자를 인수분해하는 것이다.

: 인수분해는 곱하기로 묶어내는 것! :

인수분해가 무엇인지 이해했다면 이제 실제로 인수분해하는 방법을 생각해보자.

인수분해는 생각보다 어렵다. 그래서 시험에서 좋은 성적을 얻기 위해서는 많은 공식들을 외워야 한다.

그런데 이런 복잡한 인수분해의 실상은 알고 보면 매우 단순한 작업의 반복일 뿐이다. 이를 위해서는 $(a+b)^2=a^2+2ab+b^2$이라는 기본 공식으로 잠깐 돌아가는 것이 좋겠다.

이 중간 단계에서 우리는 $a^2+2ab+b^2$을 $a^2+ab+ab+b^2$으로 고쳤다. 왜 이래야만 할까?

$a^2-b^2=(a+b)(a-b)$를 유도할 때도 마찬가지다.

중간 단계에서 우리는 a^2-b^2을 $a^2+ab-ab-b^2$으로 고쳤다. 왜 이래야만 할까?

이것은 모두 그다음 단계를 위해서, 즉 장기를 둘 때 한 수 앞을 내다보고 말을 움직이는 것과 같은 것이다.

인수분해에서의 그다음 수는 곧 같은 것을 묶어내는 것이다.

각각의 경우에 a와 b로 묶어내고, 그다음에는 $a+b$나 $a-b$를 묶어낼 수 있도록 식을 만들어내야 한다.

인수분해 공식은 곱셈공식을 거꾸로 한 것에 불과하지만, 이 점에서 둘의 난이도에 큰 차이가 난다.

곱셈공식은 무조건 다 곱해서 고차항들 순서로 늘어놓으면 된다. 하지만 인수분해 공식은 그 과정에서 섞이는 것들을 다시 분해해 나가야 하는 것이다.

이것은 검은콩과 흰콩을 섞었다가 분류하는 것과 같다.

검은콩과 흰콩을 한곳에 모아 섞었다가 다시 분류하는 것은, 같은 것을 거꾸로 되돌리는 것일 뿐이다. 하지만 섞는 것은 쉽고 분류하는 것은 매우 힘들다.

어쨌든 인수분해가 어려운 이유는 이렇게 단순한 것이고, 마찬가지로 인수분해 방법의 바탕도 사실은 매우 단순하다.

어떻게 단순한가?

모든 인수분해 공식은 사실 단 하나의 단순한 공식을 반복 적용한 것에서 생겨날 뿐이다.

그 공식이란 이것이다.

$$ma+mb-mc=m(a+b-c)$$

이 식을 더 단순화해서 $ma+mb=m(a+b)$를 생각한 다음에 m의 자리에 $a+b$나 $a-b$가 들어가면 앞에서 본 기본적인 두 개의 인수분해 공식이 된다.

즉 하나의 식에서 같은 인수 m을 묶어내는 것(묶어내기)이 인수분해의 핵심이다. 복잡한 인수분해의 공식이 사실은 모두 이와 같은 '묶어내기'의 반복일 뿐이다.

예전에는 가장 간단하면서도 가장 근본이 되는 이 공식이 인수분해 공식들의 목록 안에 있었다. 하지만 요즘의 교과서에는 이 공식이 빠진 경우도 간혹 본다.

아마도 학생들이 외울 필요가 없을 만큼 단순하다고 생각해서 공식집에서는 빠지곤 하는 것 같다.

하지만 개인적으로는 걱정도 든다.

인수분해가 무엇인지 이해하지 못하는 상태에서 이런 공식이 빠진다면 교실에서 더욱 많은 수학을 잃어버리게 되지 않을까.

: 인수분해에서의 판짜기 :

인수분해에 대해서 추가적으로 설명해야 할 내용은 실제 인수분해를 할 때 가장 많이 하는 계산방법인 합과 곱을 맞추는 방법이다.

일단 모두가 알고 있긴 하지만, 설명이 헷갈리지 않도록 이 방법에 대해서 간단히 살펴보자.

x^2+5x+6을 인수분해하면,

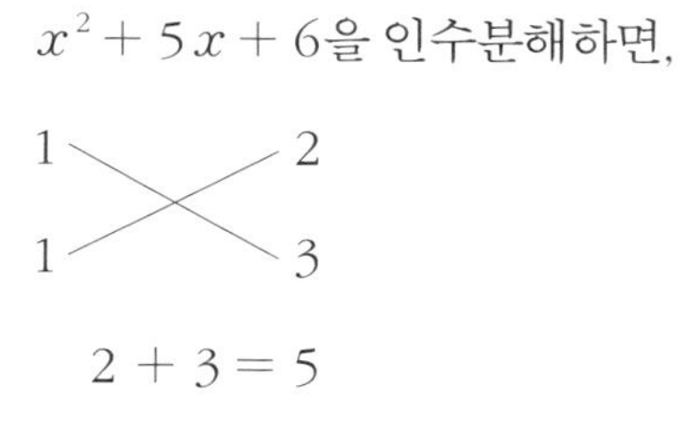

위처럼 x^2+5x+6을 인수분해할 때, 맨 마지막 항인 6을 먼저 인수분해한다. 즉 2×3이나 1×6과 같이 이리저리 나눠보는 것이다.

이 단계는 소인수분해가 아니라 인수분해이다.

그다음에는 이렇게 인수분해한 숫자를 더해서 중간의 5가 나오는지를 살펴본다. 맞으면 $(x+2)(x+3)$으로 인수분해를 완성하는 것이다.

여기까지가 전국의 학생들이 학교에서 배우는 인수분해 방법이다.

이제 생각해보자.

이 방법은 왜 성립하는 걸까? 누가 어떻게 이런 방법을 만들어낼 수 있었을까? 구체적으로 누가 언제 이 방법을 만들었는지는 모른다. 수학적으로도 그렇게 중요하지 않다.

반면에 어떻게 이런 계산법이 성립하는가 하는 데는 수학적인 이유가 있다. 이것을 알아보자.

먼저 x^2+5x+6을 정확한 수학적 단계로 인수분해하는 방법을 살펴보자.

그것은 x^2+5x+6을 $x^2+2x+3x+6$으로 만드는 것이다. 여기서 $5x$를 $2x$와 $3x$로 분해해서 더하기로 연결했다.

왜 그래야만 하는가? 그래야만 다음 단계로 나갈 수 있기 때문이다.

즉, $x(x+2)+3(x+2)$로 묶을 수 있고, 그 후 또 한 번 $(x+2)$로 묶어낼 수 있는 것이다.

만약에 x^2+5x+6에서 중간 항의 $5x$를 $x^2+4x+x+6$이 되도록 분리한다면 어떨까?

$x(x+4)+(x+6)$이 될 것이다. 그럼 다음에 아무것도 할 수 없다. 공통항이 나오지 않기 때문이다.

방금 우리가 한 생각을 따져보자.

x^2+5x+6을 $x^2+4x+x+6$이 아니라 $x^2+2x+3x+6$으로 만들기 위해서는 무엇을 생각해야 하는가?

$x^2 : 2x$가 $3x : 6$이 되도록 비율을 따져야 한다.

4개 항의 비율이 성립한다는 것은? $a : b = ma : mb$의 구조가 된다는 말이다.

$a+b+ma+mb$가 되면 뒤의 두 항에서 m을 묶어냈을 때, $a+b$라는 공통항이 생겨나게 된다.

그러면 이제 $a+b+ma+mb$를 잘 보자.

여기서 mb에 해당하는 것이 6이고 $b+ma$에 해당하는 것이 $5x$이다.

즉, 곱하면 6이 되고 더하면 5가 되는 것을 찾으면 중간 항을 분리할 수 있는 것이다.

오직 이것만을 생각해서 간단하게 나타내면?

앞에서 살펴본 대로 곱과 합을 맞추는 계산법이 나온다.

결국 인수분해의 모든 것은 공통 인수를 곱하기로 묶어내는 것의 반복이고, 이 계산법에서도 달라지지 않았다.

수학의 모든 부분이 이와 같다.

기본 개념과 패턴을 정확히 반복하는 것.

2

도형의 방정식

: 도형과 방정식의 관계 :

1차 방정식은 직선 그래프로 나타나고 2차 방정식은 포물선 그래프로 나타난다.

고등학교까지 수학을 공부한 사람이라면, 수학을 그리 잘하지 않았더라도 당연하게 아는 내용이다.

조금 열심히 공부한 학생이라면 $y=2x+1$과 같은 1차 방정식을 보면 그것이 즉각 직선처럼 보일 정도일 것이다.

하지만 알고 보면 이것은 그렇게 명백하고 당연한 일이 아니다. 그리고 방정식과 그래프의 관계를 정확히 알면, 모든 것이 다르게 보일 수도 있다.

실제 달라지기도 한다.

$y=2x+1$의 그래프가 직선이 아닐 수 있는 것이다.

먼저 도형과 방정식의 관계가 그렇게 당연하지 않다는 것을 알게 된 내 경험을 나눠본다.

중학교 3학년 때의 일이다. 지방의 작은 중학교에서 나는 비교적 우등생이었고 수학 과목에도 자신감이 있었다. (물론 고등학교에 들어가자마자 그 자신감이 순식간에 무너졌지만.)

어느 날 수학 선생님께서 지나가는 말로 이런 말씀을 하셨다.

"고등학교에 가면 원의 방정식 같은 것도 배운다."

중학교 3학년 때까지 우리는 직선과 포물선의 방정식까지 간단히 배운 상태였다.

나는 '원의 방정식'에 호기심이 생겼다.

원의 모양은 분명하다. 그렇다면 그것을 나타내는 방정식은 어떤 모양일까?

나는 고등학교에 가서 그 내용을 배우기 전에 혼자서 생각해보기로 했다. 그 후 한 달 이상을 이렇게 저렇게 생각해보았다.

하지만 결국 원의 방정식이 어떤 형태의 식일지 상상도 할 수 없었다.

정확히 원의 방정식을 계산해내는 정도를 욕심내지도 않았다. 그저 방정식의 형태가 어떤 형태일지 대략 상상하는 것을 목표로 했는데 이것조차도 알아내지 못한 것이다.

특히 $y=2x+1$처럼 x와 y가 등호로 나뉘어 있지 않고 $x^2+y^2=r^2$과 같이 x와 y가 같은 변에 몰려 있다는 것, 그리고 y가 제곱된 식이 된다는 것을 꿈에도 상상하지 못했다.

그만큼 어떤 식이 어떤 형태의 그래프로 나타나는가 하는 것은 누구나 알 수 있는 당연한 내용이 결코 아니다.

잠깐 수학 교과 내용에 대한 우리 모두의 기억을 돌아보자.

우리는 초등학교 때 더하기, 빼기, 곱하기, 나누기 등을 배우고 도형들에 대해서도 배운다.

중학교 때도 마찬가지다.

미지수가 두 개이고 미지수의 최고 차수가 1차인 2원 1차 연립방정식의 풀이 방법 등, 복잡한 계산법도 배우면서 동시에 중학교 2학년 정도가 되면 도형의 닮음이나 합동 조건을 배운다.

중학교 3학년 정도의 과정에서는 원주각이 중심각의 반의 크기를 갖는다는 것을 배운다.

그런데 이상하지 않은가?

숫자 계산법과 도형의 닮음이나 합동과 같은 지식은 전혀 달라 보인다.

우리는 그것이 그냥 수학 교과서에 같이 있기 때문에 으레 그것들 모두가 수학의 한 분야라고 생각하게 된다.

하지만 만약 우리가 수학을 그런 식으로 배우지 않은 상태에서 수학 과목을 만든다면, 아마도 숫자 계산법과 도형에 대한 내용을 같은 수학 과목에 함께 집어넣지 않을 가능성도 크다.

실제로 수학의 역사를 보면?

대략 2천 년 동안 수학자들은 도형에 대한 지식과 숫자 계산법의 연관성을 충분히 파악하지 못했다.

처음부터 '수학'이라는 이름 아래에 묶여 있기는 했다.

왜냐하면 도형에서는 길이와 면적이 나타나고 그것은 숫자로 계산될 수 있기 때문이다.

하지만 그런 식으로 따지자면 수학이 아닌 것이 어디 있겠는가?

생물의 크기를 숫자로 나타낼 수 있다거나 각 생물의 부피를 숫자로 계산할 수 있다고 생물학이 수학의 한 분야라 할 수는 없다.

도형에 대한 지식과 숫자 계산법이 따로 분리되는 것이 오히려 당연했다.

그러다가 1600년대에 데카르트라는 사람이 나타나서 이 둘을 하나의 덩어리로 결합했다.

'나는 생각한다, 고로 나는 존재한다'라는 말로 유명한 철학자, 데카르트가 처음 좌표평면을 도입했다.

우리는 초등학교 수학 시간에 모눈종이 위에 점을 찍는 연습을 하기도 한다.

$y=2x+1$

x	0	1	2	3	4	…
y	1	3	5	7	9	…

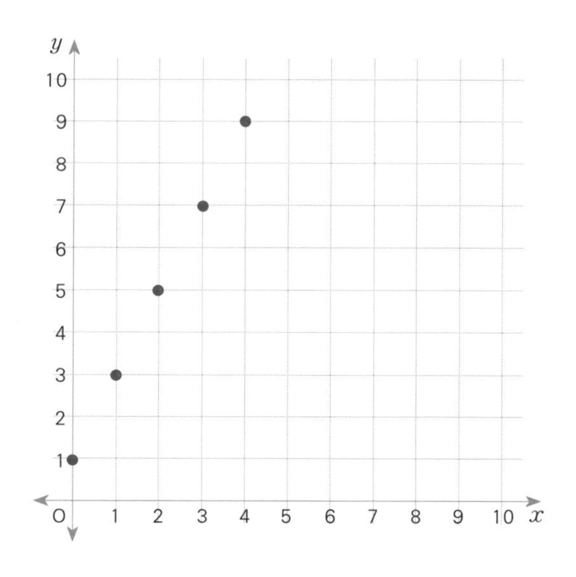

그 후에는 x축과 y축의 모든 실수에 대해서 순서쌍을 만들고 그것들을 점으로 찍을 수 있다는 것을 알게 된다.

실수의 점들을 모두 찍으면 이제 점들이 이어져서 선이 된다.

데카르트가 생각해낸 것이 이것이다.

이 생각이 이후 수학을 완전히 바꾸어버렸고, 역사적으로는 물리학의 발전으로도 이어졌다.

: 좌표평면에 대한 기본적인 생각 :

좌표평면의 개념은 매우 간단하다.

학생들은 이미 좌표평면에 친숙해서 모든 것을 알고 있다고 생각하기 쉽다. 어려운 것이 생긴다면 그것은 식과 그래프가 복잡한 경우라고 가볍게 생각해버린다.

정말 그럴까?

아주 단순한 기본 개념들도 미리 따져 생각하지 않으면 매우 어려워질 수 있다. 그래서 다음과 같은 점을 이해해두면 좋다.

첫째, 순서쌍과 그래프를 연결하는 것은 좌표평면의 축이다.

무슨 말인가?

좌표평면을 구성하는 기본 축들이 어떤 값을 의미하는가에 따라서 어떤 식의 그래프가 그 좌표평면에 나타나는지가 달라진다.

$y=2x+1$의 그래프는 x축과 y축을 가진 좌표평면에 나타날 것이고 $b=3a-1$의 그래프는 a축과 b축을 가진 좌표평면에 나타날 것이다.

순서쌍들은 (x, y)의 값들인데, 좌표축은 a축과 b축이라면 그 좌표평면에는 그래프가 나타나지 않는다는 말이다.

둘째, x축과 y축의 위치는 바뀔 수도 있다.

예를 들어 수평축이 y축이 되고 수직축이 x축이 될 수도 있다. 이건 정하기 나름이다.

이럴 경우 $y=2x+1$의 그래프는 다음과 같이 될 것이다.

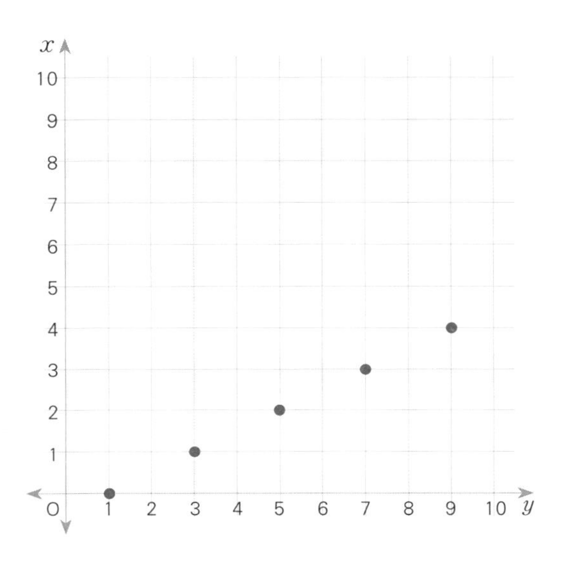

셋째, x와 y 값의 의미가 완전히 달라질 수도 있다.

예를 들어 x는 수평선에서 시계 반대방향으로의 각도를 값으로 갖고 y는 원점에서의 거리의 값을 취하는 경우를 생각할 수 있다.

무슨 말인가? 레이더를 보면서 적의 비행기 위치를 추적하는 경우를 생각하면 쉽다.

"적기의 위치는 어디인가?"

대장님이 물으면 레이더를 보는 부하는 다음과 같이 말해야 할 것이다.

"1시 방향, 20km입니다!"

여기서 '1시 방향'이 각도, 그리고 '20km'가 거리를 말한다.

요점은, 레이더를 보면서 가로세로 축의 거리를 말하지 않고 적기의 위치를 모두 이런 식으로 말할 수 있다는 것이다.

이런 생각을 수학화한 것을 '극좌표'라고 한다.

y를 원점에서의 거리, x를 각도로 하는 극좌표계에서 $y=2x+1$의 그래프는 다음과 같이 나타난다.

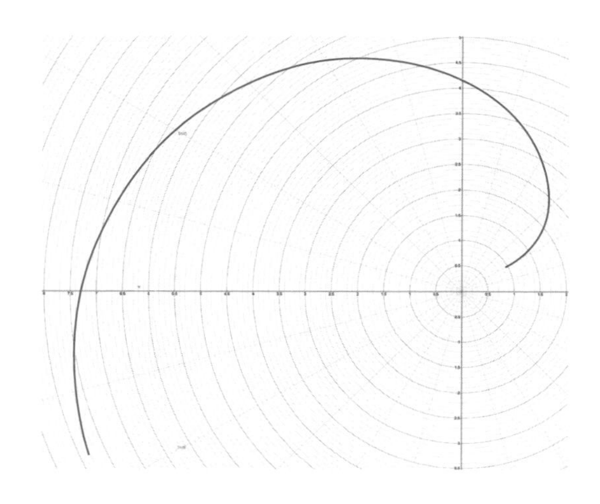

앞에서 $y=2x+1$의 그래프가 직선이 아닐 수도 있다고 말한 것은 이런 뜻이다.

이 그래프는 금방 보기에는 어려워 보일 것이다. 익숙하지 않기 때문이다. 지금 당장 극좌표계를 공부해야 하는 것은 아니므로 부담 갖진 말자.

중요한 것은, 식과 그래프를 이어주는 연결고리가 달라지면 그래프도 달라진다는 것이다.

그 연결고리는 좌표평면을 정의하는 것이다.

끝으로 하나만 더 말하자면, (x, y)의 좌표뿐만 아니라 (x, y, z)의 좌표도 생각할 수 있다.

(x, y)가 2차원 좌표평면에서 표시된다면, (x, y, z)는 3차원 좌표공간에서 표시된다.

이렇게 말이다.

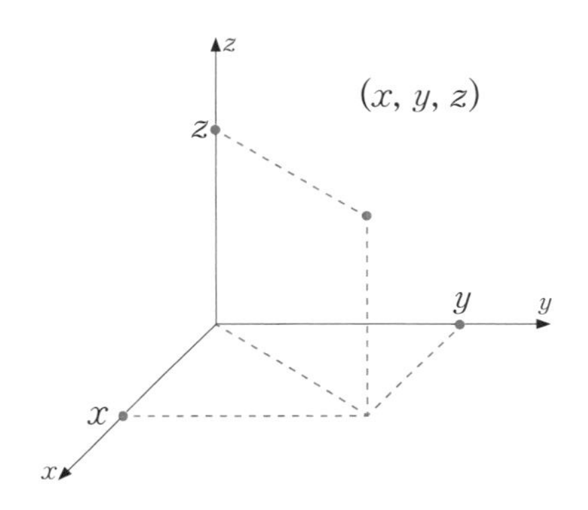

그렇다면 이제 여러분은 쉽게 (x, y, z, u)로 구성되는 4차원 공간도 생각할 수 있고 더 나아가서 n개의 좌표가 나타나는 n차원 공간을 생각할 수 있을 것이다.

: 다항식? 그래프에 점이 찍힐 조건! :

기본적으로 식을 그래프로 나타내는 것은 크게 어렵지 않다.

식이 의미하는 대로 좌표평면에 점을 찍기만 하면 된다. 쉽지 않은가.

하지만 생각보다 이것이 어려울 때가 있다.

특히 익숙하지 않은 식의 그래프를 그려야 할 때.

다음의 그래프를 그릴 수 있는가?

$$x=2$$

나는 학생 때 당황했었다. "y값은 어딜 간 거지?"

만약 이 식의 그래프를 1차원 좌표공간에 그린다면 매우 쉽게 생각할 수 있다.

1차원은 직선이므로, 원점인 0에서 2만큼 떨어진 곳에 점을 하나 찍으면 된다.

그런데 2차원 좌표평면에는 어떻게 해야 할까?

답은 간단하다. x의 값이 2인 모든 곳에 점을 찍으면 된다.

y에 대한 언급이 없다. 이것은 y값은 뭐든지 괜찮다는 말이다.

그래서 그래프는 다음과 같이 된다.

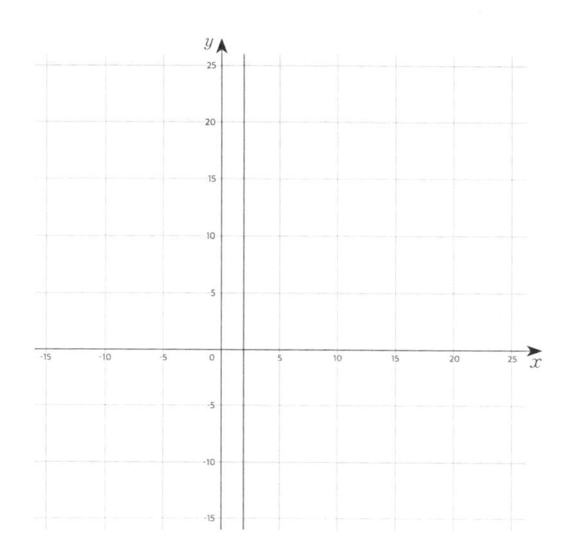

이것을 이해해야, 왜 y축이 $x=0$으로 표시되는지 알 수 있다.

나는 $x=0$이 x축을 표시하고 $y=0$이 y축을 표시할 거라고 착각하곤 했었다.

하지만 한 단계만 생각하면 그렇지 않음을 알 수 있다.

그것은 $x=0$과 $y=0$이라는 식이 '점을 찍기 위한 조건'이라는 사실이다. 그래프와 관련해서 모든 식이 점을 찍기 위한 조건이니까 말이다.

더 나아가서, 어떤 식은 그래프를 선으로 그리는 것이 아니라 면으로 그릴 수도 있다.

부등식이 바로 그것이다.

이것은, 방금 설명한 내용을 기억하면 이해가 될 것이다.

즉, 식은 좌표평면에 점을 찍기 위한 조건을 말한다.

그러므로 $y \geqq x^2-1$이라는 부등식이 있다면 이 조건에 맞는 모든 점들이 좌표평면에 찍힌다.

이렇게!

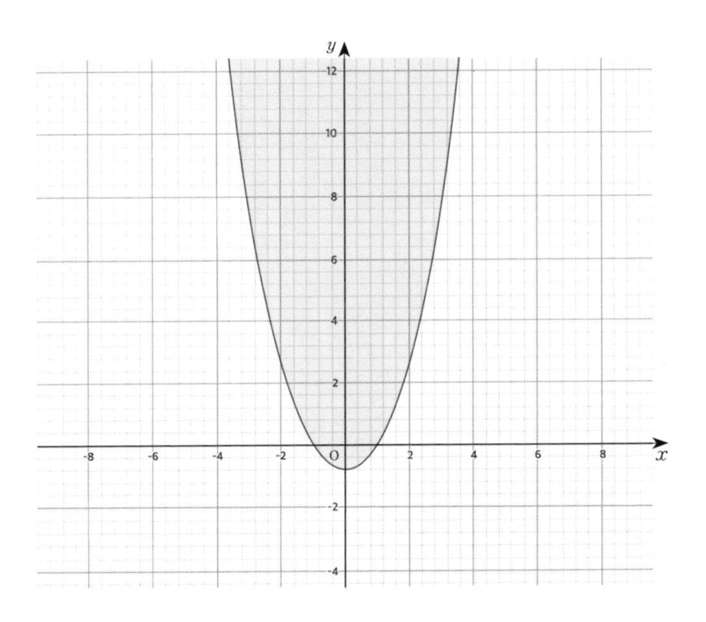

이 그림(그래프)에서 포물선 위의 공간에 있는 모든 점들이 $y \geqq x^2-1$이라는 조건을 만족시킨다.

: 원의 방정식 :

원의 방정식은 $(x-a)^2+(y-b)^2=r^2$이다.

이 방정식이 생겨나는 논리는 다들 알겠지만 간단히 설명하겠다.

출발점은 원의 정의이다.

원의 정의는? 중심으로부터 같은 거리에 있는 점들의 집합이다.

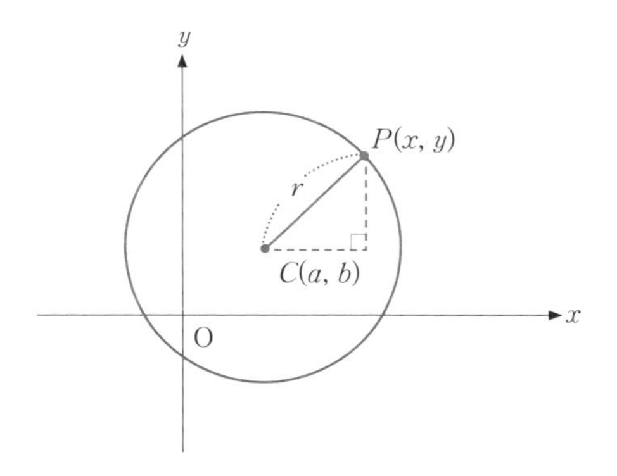

위의 그림에서 보듯이 중심을 (a, b)라고 하자. 거리는 r이다.

문제는 이 거리 r을 어떻게 나타내느냐 하는 것이다.

그림은 거리 r이 직각삼각형의 빗변이라는 것을 보여준다. 그리고 직각삼각형의 밑변의 길이는 $x-a$이고 높이는 $y-b$이다.

여기에 피타고라스 정리를 적용한다.

수학에서 직각삼각형이 나타나면 거의 자동적으로 피타고라스 정리가 따라온다는 점을 항상 기억하자.

따라서 원의 방정식 $(x-a)^2+(y-b)^2=r^2$이 생겨난다.

이 식 자체가 피타고라스 정리 그대로라는 점도 기억하자.

내가 강조하고 싶은 것은 하나다.

원의 방정식은 피타고라스 정리의 변형이라는 것, 그리고 그 속에 직각삼각형이 있다는 사실이다.

삼각함수에 대한 설명에서 말하겠지만, 직각삼각형은 모든 다각형을 구성하는 기본 요소인데, 어떤 면에서는 원을 구성하는 요소이기도 한 것이다.

원과 직각삼각형의 관계.

어렴풋이 다 알고 있었던 사실이지만, 한편으로는 놀랍지 않은가.

: 타원의 방정식 :

(이과 수학)

타원의 방정식은 다음과 같이 그린다. (교과서 내용을 기억하자.)

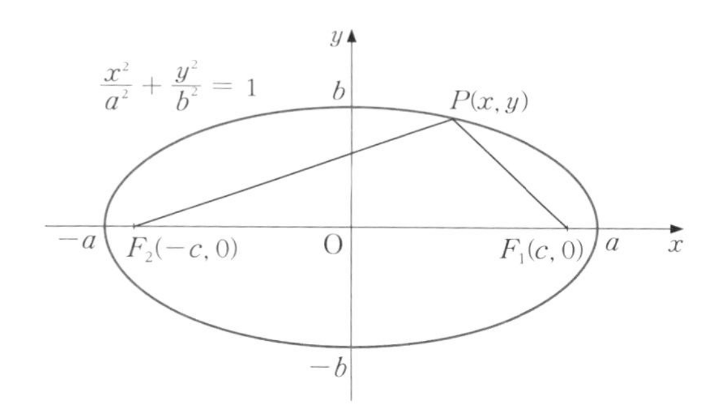

그림에서 보듯이 F_1과 F_2 지점에 압정을 꽂고 파란색 선 정도로 넉넉한 길이의 실을 묶는다.

그러고는 그림처럼 연필을 실에 걸쳐서 그리는 것이다.

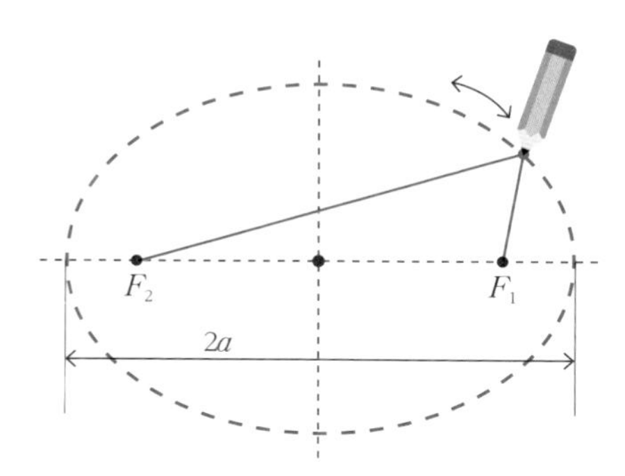

이 방식을 공식으로 표현하고 계산해서 다음과 같은 타원의 방정식이 나온다.

$$\frac{x^2}{a^2}+\frac{y^2}{b^2}=1$$

이 과정은 타원에 대한 수학적 정의에 따른 것이다. 그런데 너무 어렵다.

좀더 쉽고 간단한 도출 방식이 있다.

그것은 타원을, 원을 한 방향으로 눌러서 찌그러뜨린 것으로 이해하는 것이다.

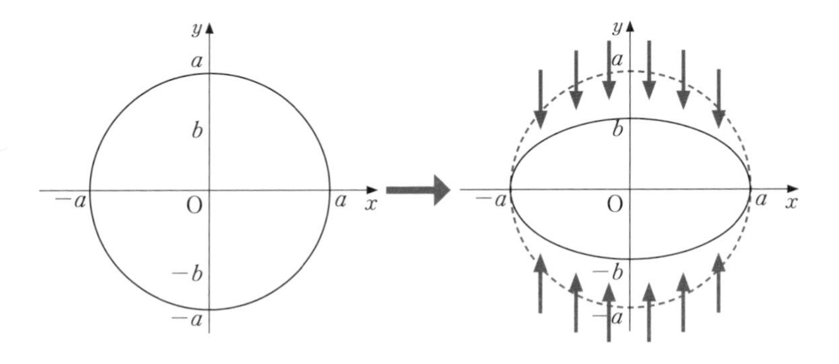

이 그림처럼 이해하면 타원의 방정식을 원의 방정식에서 출발해서 도출할 수 있다.

먼저 원의 방정식 $x^2+y^2=a^2$에서 출발해보자.

원래 원 위의 점들을 (x, y)라 하고 타원 위의 점들을 (x', y')이라 놓자.

그러면 타원에서의 x'의 값은 원에서의 x값과 일치한다. 하지만 타원에서의 y'의 값은 원에서의 y값을 $\frac{b}{a}$배 해서 줄인 것이다. 즉 $y' = \frac{b}{a}y$이다.

이제 이 값들을 원의 방정식에 넣어야 한다. 왜냐하면 지금 타원의 방정식을 만들고 있는 중이고, 아직 없다는 뜻이기 때문이다.

그러므로 $x^2+y^2=a^2$에 뭔가를 집어넣어야 한다.

$x=x'$이므로 간단하다.

하지만, $y' = \frac{b}{a}y$는 $y = \frac{a}{b}y'$으로 바꿔서 집어넣어야 한다. 이 점은 주의해야 한다.

(나는 항상 이 단계에서 헷갈린다. y와 y'의 위치를 바꿔 써서 틀릴 때가 있었다. y라는 빈칸에 $\frac{a}{b}y'$을 넣는다고 생각하면 쉽다.)

그래서 다음과 같이 된다.

$$x^2+y^2=a^2 \Rightarrow (x')^2+(\frac{a}{b}y')^2=a^2$$

그러면 이제 이 식을 정리하면 된다.

$$x'^2+\frac{a^2}{b^2}y'^2=a^2$$

여기서 양변을 a^2으로 나누면,

$$\frac{x'^2}{a^2}+\frac{y'^2}{b^2}=1$$

이제 x'과 y'을 각각 x와 y로 바꾸면 된다.

왜 이렇게 바꿀까?

원의 방정식의 x, y와 구분하고자 타원의 방정식의 x, y를 x', y'으로 표시했었다.

이제 이렇게 타원의 방정식이 얻어지고 나면 x', y'을 다른 식에 있는 어떤 값과 구분할 필요가 없게 된다.

그래서 x', y'을 그냥 더 간단한 표기법으로 x, y로 표시한다.

x', y'이든 x, y든 모두 빈칸의 이름일 뿐이니까.

헷갈리지만 않으면 되는 것이다.

3

집합과 명제

: 집합론은 왜 나올까? :

고등학교 수학 교과서에서 가장 처음에 나오는 단원은 집합론이다. 이 집합론의 내용은 좀 생뚱맞은 데가 있다.

'이런 걸 왜 배우지? 이게 왜 수학에 들어 있지?'

학생들은 이런 생각을 어렴풋이 한다. 하지만 크게 문제 삼지는 않는다. 집합론 단원의 문제들이 비교적 쉽기 때문이다. 시험에서 출제되는 문항 수가 많지도 않다.

그래도 궁금하지 않은가? 수에 대한 이론도 아니고 그래프에 대한 이론도 아닌 집합론이 수학에 왜 들어 있는지.

이에 대해서는 많은 이야기를 할 수 있지만 나는 가장 간단한 방식으로 이렇게 설명한다.

수학에서의 집합론은 화학에서의 원자론과 비슷하다고 말이다.

세상에는 여러 종류의 다양한 물질들이 있다. 이것을 연구하는 화학은 모든 물질을 구성하는 단순한 요소를 찾았다. 그것이 원자이다.

비슷하게 수학에도 여러 종류의 계산과 논리가 있다. 이것을 연구하는 수학은 모든 계산과 논리를 구성하는 단순한 요소를 찾았다. 그것이 집합이다.

원자가 원자핵과 전자 두 요소로 구성되듯이, 집합론은 집합과 그

원소의 두 개념으로 구성된다.

(현대 물리학의 연구로 원자의 더 복잡한 구조를 알게 되었지만 이런 것은 무시하자. 우리의 목적은 집합론을 이해하는 것이니까.)

그래서 집합과 원소의 두 개념으로 수학의 모든 내용들이 구성될 수 있다.

어떻게? 이에 대해서 상세하게 알고 싶다면 대학 수학의 '집합론'을 공부하면 된다. 시험 공부를 하는 학생들에게 당장 필요한 내용은 아니다.

더 중요한 것은 '논리'에 대한 것이다.

집합과 원소의 개념으로 수학의 복잡한 내용들을 구성함으로써 무엇을 얻을 수 있는가?

분명하고 자세한 논리적 연관관계이다.

그리고 이것을 이해하는 데 필요한 논리적 사고력이 학생들에게 중요하다. 수학자들과 수학 교육자들도 그렇게 생각한다.

그것을 이해해야 개략적으로 수학 문제가 어떤 방향으로 출제될지도 짐작이 가능하다. 사람들은 누구나 학생들에게 중요한 것을 가르치고 중요한 것을 물어보려고 하기 때문이다.

학교의 모든 교과목에는 그것을 공부하는 목적이 있다. 예를 들어 영어 과목의 목적은, 학생들이 영어를 읽고 쓰고 듣고 말할 수 있는 능력을 얻게 하는 것이다.

수학 과목의 목적은? 논리적 사고력과 수학에 대한 지식을 얻게 하기 위함이다.

이것은 수학 교과서의 머리말에 자주 등장하는 구절이기도 하다. 학생들이 관심을 두지 않기 때문에 이 내용을 쓰지 않은 교과서도 있지만 논리적 사고력이야말로 수학 공부 목적의 핵심이다.

그리고 수학의 여러 분야 중에서 논리적 사고력을 특히 강조하는 단원이 집합론과 명제이다.

두 단원은 항상 붙어 있기 마련이다.

: 집합의 증명 문제 :

가장 수학적인 논리적 사고는 수학의 증명에 사용된다.

그래서 다음과 같은 증명 문제를 수학자와 수학 교육자들이 중요하게 생각한다.

고등학교 집합 단원의 증명 문제를 하나 풀어보자.

문제

A가 B의 부분집합이고, B가 C의 부분집합이면, A는 C의 부분집합임을 증명하라.

이 문제가 시험에 자주 출제되는 것은 아니다. 출제되지 않는 가장 중요한 이유는 채점의 어려움이다. 문제를 객관식으로 만들어야 채점이 쉬운데 증명 문제를 그렇게 만들기가 쉽지 않기 때문이다.

하지만 고등학교 참고서에 이런 문제가 예시로 나오고, 해답도 따라 나오는 경우가 많다.

뛰어난 창의성과 논리로 무장한 수학 교수들이 문제를 출제하는 대입시험에서는 이와 관련된 문제가 조금이라도 더 많이 출제된다.

그런데, 이 문제를 풀려고 하면 막막함을 느낄 것이다.

'아니, 이것을 어떻게 증명하지? 벤다이어그램을 그리면 될까?'

이런 생각이 머릿속을 얼핏 스쳐간다.

더 난감한 것은 해답을 봐도 이해가 안 된다는 것이다.

해답은 다음과 같다.

> $x \in A$라 하자. 그러면 A가 B의 부분집합이므로 $x \in B$이다. 그런데 B는 C의 부분집합이기도 하므로 $x \in C$이다. $x \in A$이며 $x \in C$이므로 A는 C의 부분집합이다. [증명 끝]

이 해답을 보면 어떤 생각이 드는가?

나는 '에게! 이게 증명이야? 무슨 증명이 이래?' 하는 생각이 들었다.

증명의 해답을 봐도 이해 못 하는 우리들. 무엇을 모르는가?

해결책

해답을 보고도 증명 문제를 이해할 수 없는 우리는 다음의 두 가지를 이해하지 못한다.

(1) 이 문제가 증명이 필요한 것인지를 모른다.

(2) 해답의 증명 내용을 봤을 때, 이것이 왜 증명인지를 모른다.

이 문제를 처음 읽었을 때 여러분은 어떻게 생각했는가?

나는 이렇게 반응했다.

'이런 당연한 것을 어떻게 더 증명해?'

나중에 이 문제를 완전히 이해하고 보니 그 해결책도 여기에 있었다.

무슨 말인가?

우리는 뭔가를 증명할 때 다른 근거를 제시한다. 그때 그 근거는 증명 내용보다 더 당연한 것, 그래서 먼저 아는 것이다.

예를 들어보자.

문제

평면상에서의 모든 사각형의 내각의 합은 항상 360도이다.

증명

(*a*) 모든 사각형의 안에 대각선을 하나 그어서 2개의 삼각형으로 나눌 수 있다.

(*b*) 삼각형의 내각의 합은 항상 180도이므로, 2개를 더하면 360도가 된다.

여기서 증명 대상은 '모든 사각형의 내각의 합은 항상 360도'라는 것이다. 이것은 얼핏 봐서는 맞는지 틀린지 금방 알 수 없다.

뭔가를 증명하라고 하면 이렇게 '아직 모르는' 내용이 증명의 대상이 된다.

이에 대한 증명 근거인 (a)와 (b)는 모두 문제의 내용보다 먼저 아는 것이다.

그래서 우리는 이렇게 말한다.

> (a)와 (b)가 모두 옳으니까 사각형의 내각의 합이 360도라는 것도 옳지 않겠는가.

핵심을 다시 강조하겠다.

(a)와 (b)는 먼저 아는 것이고 '사각형의 내각의 합이 360도'라는 것은 미처 몰랐던 내용이다.

집합론의 문제로 돌아가자.

집합론에서 증명하는 문제가 잘 이해되지 않는 것은 바로 이 지점에 있다.

증명해야 하는 문제가 너무 당연해서 이미 아는 것으로 보인다. 이미 아는 것을 어떻게 증명하라는 말인가? 어려움은 여기에 있었다.

이 생각을 바꿔야 한다.

그것을 아직 모른다고 가정하자. 그러고는 그보다 더 '먼저 아는 것'을 찾아야 한다.

집합론의 문제에서 가장 먼저 아는 것은 무엇인가?

그것은 '정의' 혹은 '개념 정의'이다. 수학의 모든 단원에서 그러하듯이.

집합론의 교과서를 잘 살펴보면 기본 정의는 다음과 같은 두 개념으로 시작된다.

(1) **집합과 원소** 어떤 것(원소)들의 모임을 집합이라고 한다. 원소를 x, 집합을 A라 하면 $x \in A$로 표시한다.

(2) **부분집합** $x \in A$인 모든 x가 $x \in B$일 때 A는 B의 부분집합이다. 이것을 $A \subset B$로 표시한다.

이것이 옳다고 가정된 것이고, (논리적 순서대로 하자면) 가장 먼저 아는 것이다. 그래서 이것이 출발점이다.

남은 문제는? 이것들만을 결합해서 증명할 내용을 만들어내면 된다.

이미 아는 것을 가지고 아직 모르는 것을 증명하는 것, 이것이 우리가 아는 증명의 방법이니까 말이다.

그다음에 해야 할 일은 이 말을 정확히 반복하는 것이다.

그냥 내 머릿속에 있는 생각을 죽 말하면 안 된다. 이것은 수학의 증명이 될 수 없다.

어떤 식으로 해야 하냐 하면, 부품들을 끼워 맞춰 기계를 조립하듯이 증명해야 한다.

출발점은 문제의 내용이다.

문제에서 "A가 B의 부분집합"이라고 했다.

'이미 알고 있는 내용' 중에서 이에 해당하는 내용을 찾는다.

즉 A가 B의 부분집합일 때, $x \in A$인 모든 x가 $x \in B$이다. — 이것을 쓴다.

다음에는 다시 문제에서 "B가 C의 부분집합"이라고 했다.

그래서 이에 해당하는 내용을 찾아 쓴다. — $x \in B$인 모든 x가 $x \in C$이다.

이제는 방금 쓴 두 내용을 연결한다.

즉 $x \in A$인 모든 x가 $x \in C$이다. — 이것은 다시 A가 C의 부분집합이기 위한 조건이 되었다.

이렇게 해서 증명이 끝난다.

그러므로 앞에서 본 증명은 다음과 같이 되어야 정확하다.

앞에서 본 증명: 약식 증명

$x \in A$라 하자. 그러면 A가 B의 부분집합이므로 $x \in B$이다. 그런데 B는 C의 부분집합이기도 하므로 $x \in C$이다. $x \in A$이면 $x \in C$이므로 A는 C의 부분집합이다. [증명 끝]

이것을 더 정확하게 쓰면 다음과 같다.

생각을 보여주는 증명

문제에서 A가 B의 부분집합이라고 했다. 그러니까 $x \in A$인 모든 x가 $x \in B$이다. 그리고 또 문제에서 B는 C의 부분집합이라고 했다. 그러니까 $x \in B$인 모든 x가 $x \in C$이다. 이 두 내용을 결합하면 $x \in A$인 모든 x가 $x \in C$이다. 이것은 곧 A는 C의 부분집합임을 의미한다. [증명 끝]

: 귀류법 이해하기 :

귀류법은 수학 전체에서 자주 쓰는 증명 방법이다.

수학에서 증명이 중요하기 때문에 증명 방법 중 하나인 귀류법 역시 중요하게 다뤄진다. 수학 교과서에도 자주 등장한다.

수학 문제로는 자주 출제되지 않는다. 객관식 문제로 출제하기가 까다롭기 때문이다. 하지만 수학적 사고에서 귀류법이 중요하기 때문에 수학자들은 여러 창의적인 아이디어로 이것을 문제로 출제하려고 노력할 것이다. 가끔 대입시험에서 수학 교수들이 창의적으로 만들어 낸 문제를 만나게 될지 모른다.

그럼 귀류법이란 무엇인가?

교과서에서는 다음과 같이 설명하곤 한다.

> 어떤 명제가 참임을 증명하려 할 때 그 명제의 결론을 부정함으로써 가정(假定) 또는 공리(公理) 등이 모순됨을 보여 간접적으로 그 결론이 성립한다는 것을 증명하는 방법이다.

크게 복잡하지는 않지만 이해가 잘 안 될 것이다.

걱정할 필요는 없다. 학생들 탓이 아니다. 수학자들이 자기들이 좋아하는 방식으로 설명했기 때문이다.

여기서 학생들이 이해하기 쉽도록 귀류법을 설명해보자.

귀류법의 논리적 구조는 다음 그림에서 볼 수 있다.

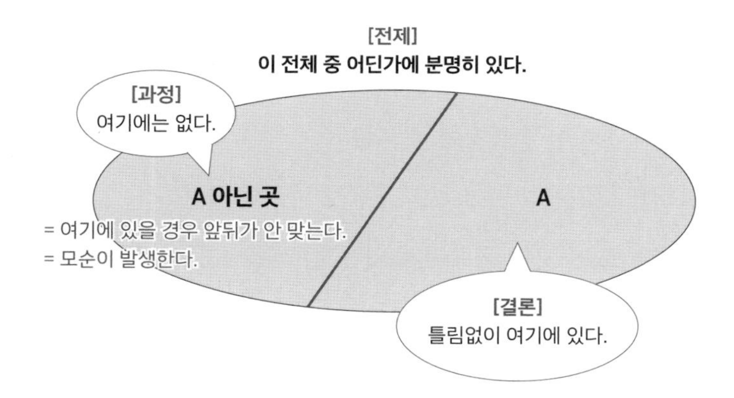

그림에서 보물이 A 영역에 있다는 것을 증명하려고 한다. 어떻게 증명하는가?

그림의 제일 위에 있는 전제가 중요하다. 보물은 큰 동그라미 안 어딘가에 있는 것이다. 일단 이것을 전제하고 나서, 그 보물이 A가 아닌 곳에는 없다는 것을 보여준다.

어떻게 보여주는가? A가 아닌 곳에 보물이 있다고 하면 뭔가 말이 안 된다는 것을 증명하면 된다.

그러면 보물은 A에 있음이 틀림없게 된다.

이것이 귀류법이다.

어쩌면 당연한 이야기다. 그렇지 않은가.

간단히 말해, 보물이 여기와 저기 둘 중 어딘가에 분명히 있다고 한다면, 여기에 없는 경우에 저기에 있다는 말이다.

간단하고 명백하다. 알고 보면 쉽다.

그런데 이런 쉬운 내용의 귀류법은 왜 어려워지는가?

교과서에 나오곤 하는 다음의 증명을 보자.

귀류법을 사용한 증명으로서 $\sqrt{2}$가 무리수라는 것을 증명하는 것이다.

문제

$\sqrt{2}$가 무리수라는 것을 증명하라.

증명

먼저 명제를 부정하여 $\sqrt{2}$가 유리수라고 가정하자. 그러면,

$\sqrt{2}=\frac{n}{m}$ (여기서 m과 n은 서로소인 자연수이다.)

라고 놓을 수 있다. 이것의 양변을 제곱하면

$2=\frac{n^2}{m^2}$

$\therefore n^2=2m^2$

여기서 n^2이 2의 배수이므로 짝수이다. (n이 홀수라면 n^2이 짝수가 될 수 없다.) 그러므로 n 역시 짝수이다. 즉 $n=2k$.

이것을 $n^2=2m^2$에 넣으면,

$(2k)^2=2m^2$

$\therefore m^2=2k^2$

그러면 같은 논리로 $m^2=2k^2$의 m도 짝수이다. 즉, m과 n이 모두 짝수가 되고, m과 n이 서로소라는 가정에 모순이 생긴다. 따라

서 $\sqrt{2}$는 무리수이다.

이런 증명을 읽으면 학생들은 어떻게 생각하는가?

"$\sqrt{2}$가 유리수라고 했을 때 모순이 생긴다고? 그건 알겠는데, 그렇다고 해서 왜 $\sqrt{2}$가 무리수가 된다는 거지?"

이런 생각조차 수학을 좀 잘하는 학생들만의 몫이다.

수학 선생님이나 수학자들은 그런 학생들에게조차 필요한 설명을 해주지 않는다.

아예 수학에 관심 없는 학생이 아니라, 잘 설명하면 알아들을 만한 학생들인데도 말이다.

어떤 설명이 필요한가?

그것은 증명 전체에 다음이 전제되어 있다는 것을 강조하는 것이다.

$\sqrt{2}$는 유리수거나 무리수거나 둘 중의 하나다.

(그렇지 않겠는가? $\sqrt{2}$에 i가 없으니 복소수가 아니란 것은 확실하다. 따라서 $\sqrt{2}$가 실수이니까 유리수이거나 무리수 둘 중 하나일 수밖에 없다.)

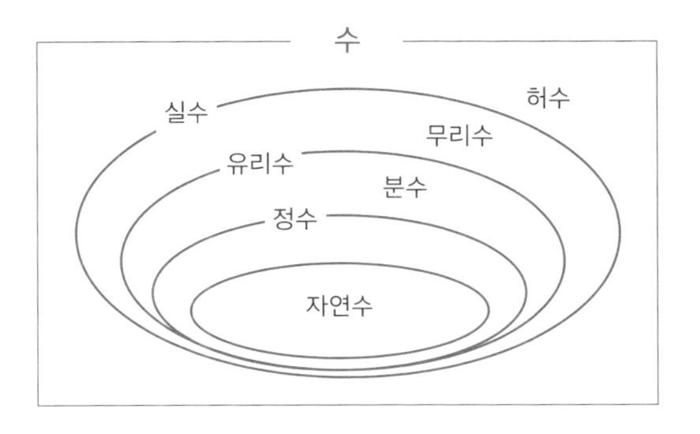

이것이 당연한 전제라서 증명에 나타나지 않는다. 하지만 이것을 강조해줘야 한다.

왜? 학생들의 머릿속에 있는 생각은 이렇기 때문이다.

"$\sqrt{2}$가 유리수가 아니라 하더라도, 무리수도 역시 아닐 수 있지 않을까?"

"$\sqrt{2}$가 유리수가 아니라는 말 자체에 $\sqrt{2}$가 무리수라는 뜻은 없지 않나?"

증명의 전제를 설명해주면 이에 대한 대답이 된다.

가장 먼저 이해해야 하는 것이 이것이다.

그다음에 교과서의 증명은 (그림에서) 보물이 'A가 아닌 곳'에 없다는 것만 보여준다. 어떻게? 보물이 거기에 있으면 말이 안 된다는 것을 보여주는 것이다.

즉 $\sqrt{2}$가 유리수라면(보물이 거기에 있으면) 말이 안 된다(모순이 생긴다)는 것을 보여준다.

그러면 마지막 결론이 저절로 따라온다.

이와 같은 생각의 흐름을 앞의 그림에 화살표로 추가하면 다음과 같다.

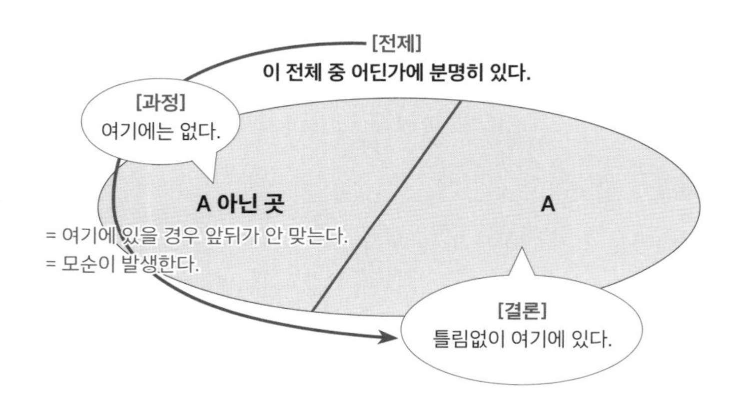

정리를 해보자.

첫째, 귀류법의 기본 전제는 '보물이 여기 아니면 저기 어딘가에 반드시 있다'라는 것이다. 이것은 증명에 안 나타날 때가 많다. (그림에서 [전제] 단계)

둘째, 귀류법 증명은 '보물이 여기에는 없다'는 말만 하고 끝내는 경우가 많다. 예를 들어 '$\sqrt{2}$가 유리수라면 모순이 생긴다. 끝!' — 이렇게 증명을 끝내는 경우가 많다. (그림에서 [과정] 단계)

이렇게 되면 논리적으로는 결론이 (말하지 않아도) 따라 나온다.

물론 학생들에게는 이것을 짚어줄 필요가 있지만.

: 부분집합의 개수 공식 :

집합 A의 원소의 개수가 3개라 하자. 그러면 집합 A의 부분집합의 개수는 2^3개다.

더 일반적으로 말해서, 어떤 집합 X의 원소의 개수가 n개라면 X의 부분집합의 개수는 2^n개다.

이에 대한 설명이 교과서에 있고 그것을 이해하는 것은 그렇게 어렵지 않다. 하지만 한번 이해하고 외운 후에 한참이 지나서 다시 생각하면 새롭다.

왜냐하면 부분집합의 개수가 2^n개라는 사실이 금방 명확하게 들어오지 않는 것이다. 나는 예전에 자주 2^n개가 아니라 n^2일 것 같다는 착각이 들었다.

그래서 이것을 한눈에 쉽게 이해하는 방법을 알아두면 좋다.

다음의 가지치기 그림처럼 말이다.

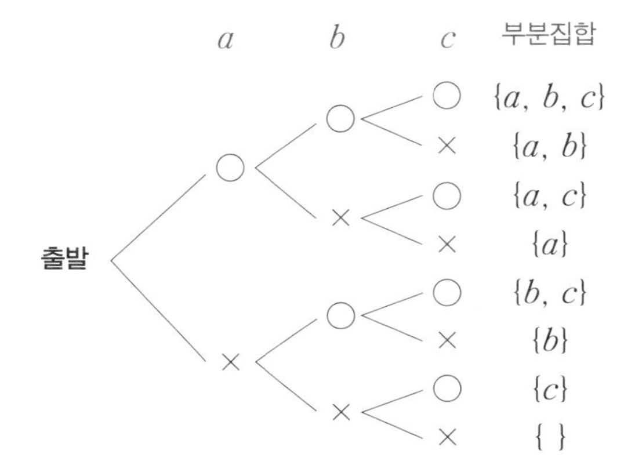

이 그림이 나타내는 아이디어가 좀더 명확하게 보이도록 그림을 고치면 다음의 표 그림이 된다.

a의 경우	b의 경우	c의 경우	부분집합
a	b	c	$\{a, b, c\}$
a	b		$\{a, b\}$
a		c	$\{a, c\}$
a			$\{a\}$
	b	c	$\{b, c\}$
	b		$\{b\}$
		c	$\{c\}$
			$\{\ \}$
2 경우 ×	2 경우 ×	2 경우 ×	…

핵심적인 아이디어는 이렇다.

부분집합들을 생각할 때, 원소 a를 포함하고 있는 것과 포함하지 않은 것들을 생각한다.

그러고는 다시 a를 포함한 것들 중에서 b를 포함한 것과 포함하지 않은 것들을 각각 생각하고 a를 포함하지 않은 것들 중에서 b를 포함한 것과 포함하지 않은 것들을 각각 생각한다.

말이 길었지만, 표 그림에서 보는 그대로다.

이렇게 생각하면 원소의 개수만큼 두 부분으로 나누기를 반복한다. 그러면 맨 오른쪽 끝에 있는 부분집합의 개수는 곱하기 2를 그만큼 반복한 수만큼 생길 것이다.

정리하자면, 원소의 개수 n만큼 2를 곱하게 된다. $(2\times2\times\cdots\times2)$

그래서 2^n개라는 공식이 나오는 것이다.

앞의 두 그림이 정확히 같은 것을 설명하지만, 어떤 학생은 표 그림이 머릿속에 잘 들어올 것이고 다른 학생은 가지치기 그림이 더 쉽게 들어올 것이다.

취향에 따라서 둘 중의 하나만 기억하자.

하지만 둘 다 기억하지는 말라. 괜히 헷갈린다.

: 명제와 논리 :

명제 단원에서는 논리학의 기초를 배운다.

"엥~? 이게 논리학이었어?"

그렇다. 그게 논리학이다. 현대적인 논리학.

다항식에서 설명했던 것과 같이 명제 단원에서 나타나는 P, Q, R 등은 모두 빈칸이다.

다항식에서의 빈칸(기호)에는 숫자가 들어가지만 명제 단원의 빈칸(P, Q, R)에는 명제 혹은 문장이 들어간다.

이 단원에서는 이해하기 어려운 내용이 많지 않다.

대략 이해는 되는데, 이질적으로 느껴지는 내용이 몇 가지 있다.

그 두 가지로 조건문과 대우명제에 대해서만 간단히 설명하겠다.

: 조건문이 이상하지만! :

첫째, 조건문을 보자.

조건문은 "P이면 Q이다(P → Q)"이다.

이 내용을 공부할 때 선뜻 받아들이기 쉽지 않은 부분이 있다. P가 거짓일 때는 전체가 항상 참이 된다는 것이다.

그 내용을 간단히 정리해보겠다.

"P이면 Q이다(P → Q)"가 참이 될 조건은?

(1) P가 참이면 Q도 참이어야 한다. 즉, P가 참인데 Q가 거짓이 되면 안 된다.

(2) P가 거짓인 경우에는 Q가 참이든 거짓이든 괜찮다. 즉 어느 경우나 "P이면 Q이다(P → Q)" 전체는 참이 된다.

(1)은 쉽게 이해되니 (2)의 경우를 생각해보자.

철수가 "비가 오면 사람들은 우산을 쓴다(P → Q)"라고 말했다. 이때, 비가 안 오니까 사람들이 우산을 안 써도 철수의 말은 맞는 것(참)이다.

이건 쉽게 이해된다.

그다음에, 비가 안 오는데도 사람들이 우산을 쓰면? 그래도 철수의 말은 옳은 것(참)이다.

이 부분이 처음에는 어색하다. 금방 받아들여지지 않는다.

하지만 또박또박 따져보면 잘못된 것이 없음을 알 수 있다. 왜?

이 대목에서도 단순하게 생각해야 한다. 수학에서 이 과정이 어려울 때가 많지만 찬찬히 살펴보자.

철수가 "비가 오면 사람들은 우산을 쓴다(P → Q)"라고 말했다면, 철수는 '비가 오는 경우'에 대해서만 말한 것이다.

비가 안 오는 경우에 대해서는? 말하지 않았다.

그렇다면 비가 안 오는 경우에 어떤 일이 일어나든, 철수가 한 말과는 상관이 없다.

상관이 없으니 철수의 말이 거짓말이 안 되는 것이다.

그것이 거짓이 아니라면? 옳은 것, 참이다.

왜냐하면 명제에서는 참이거나 거짓이거나 둘 중의 하나이어야 하기 때문이다.

그래서 참이 아니면 거짓이고, 거짓이 아니라면 참이다.

조건문을 이해하는 또 다른 방법은 이것을 '계약 조건'으로 생각하는 것이다.

철수가 "영수 네가 일을 하면 월급을 주겠다(P → Q)"라고 말했다면?

영수가 일을 했을 때 월급을 주는 것은 당연하겠지만, 영수가 일을 하지 않았을 때에도 월급을 준다고 문제가 생기지 않는다.

일하지 않았는데도 월급을 줄 때 영수가 "철수가 거짓말했다"라고 말하지 않을 것이다.

반복하자면, P가 거짓이고 Q가 참이라도 "P이면 Q이다($P \to Q$)"는 참이 되는 것이다.

: 대우명제도 따져보자 :

둘째, 대우명제를 보자.

하나의 명제가 참일 때 그 대우명제도 참이라는 것은 사실 이해하기 어렵지 않다.

일단 기본 내용을 정리하면,

"P이면 Q이다(P → Q)"가 있다면, "Q가 아니면 P도 아니다(~Q → ~P)"가 그 대우명제이다.

이렇게 설명하면 대단히 복잡해 보이지만, 알고 보면 우리가 일상적으로 사용하는 당연한 논리를 말한다.

내가 학생 때 가끔 헷갈렸던 것은, 조건문이 대우명제의 충분조건인가 필요조건인가였다.

조건문이 옳(참)으면 그 대우명제도 옳다(참)는 것은 헷갈리지 않는다.

쉽게 기억되고, 쉽게 이해된다.

따져보고 잘 이해해야 하는 것은? 조건문과 대우명제가 정확히 같은 의미라는 점이다.

이렇게.

파깨비가 길을 가다 허름한 옷차림의 오깨비를 만났다.

오깨비가 말하길, "나는 재벌 2세야."

파깨비가 보니 뻔한 거짓말로 보여서 비웃으며 한마디 한다.

"네가 재벌 2세라면 나는 대통령 아들이다!"

여기서 파깨비는 대우명제를 썼다.

파깨비가 말하려는 것은 이렇다.

"내가 대통령 아들이 아니듯이 너도 재벌 2세가 아니야."

이 내용에 어려운 것은 없다. 우리의 평범한 생각과 논리일 뿐이다.

강조할 것은 이거다.

"네가 재벌 2세라면 나는 대통령 아들이다!"라는 말의 뜻이 정확히 "내가 대통령 아들이 아니듯이 너도 재벌 2세가 아니야"라는 것이다.

어느 것이 다른 것의 충분조건이거나 필요조건이 아니라, 그 말이 그 뜻이다.

정확히 같은 뜻.

이것 역시 평범한 우리의 생각과 논리이다.

명제단원(논리학)은 이런 평범한 논리를 정확히 따져서 공식으로 사용할 뿐이다.

4

함수와 그래프

: 함수에 대한 설명들 :
(초등학교부터 고등학교까지)

함수란 무엇인가?

간단히 말해 함수는 수학에서의 모든 종류의 계산을 의미한다.

함수는 수학의 모든 분야에서 나타나는 기본 개념이다.

이것을 이해하기 위해서 우리가 이미 알고 있는 내용을 돌이켜보자. 우리가 초등학교 때부터 들어온 함수에 대한 설명들을 말이다.

함수가 중요한 개념이기 때문에 초등학교, 중학교 수학 교과서에는 함수에 대한 설명이 들어 있다.

그 개념이 이어져서 고등학교 수학, 그 이후 대학에서의 전공 수학으로도 연결된다.

문제는 학생들은 이 설명들을 연결시켜서 기억하거나 생각하지 않는다는 점이다.

이미 머릿속에 기억하고 있는 내용들이 있는데 그것은 묻어두고 다른 것으로 생각하려 한다. 노력의 낭비일 뿐이다.

그 대신에 우리가 교과 과정에서 배운 설명들을 연결시켜서 생각한다면 함수를 이해하는 데 도움이 될 것이다.

초등학교

초등학교 교과서에서 함수를 설명하는 방식은 이런 그림이다.

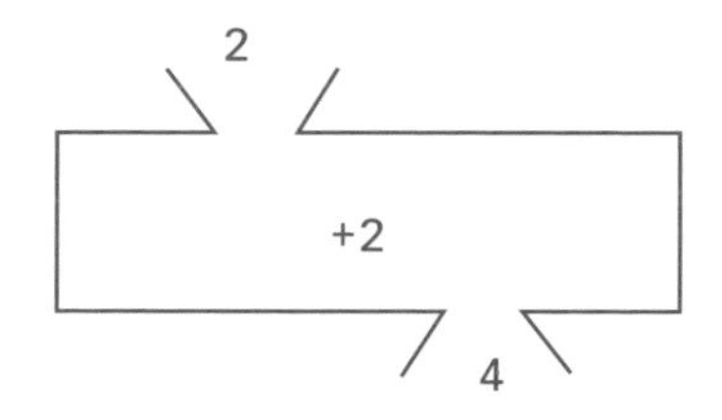

어떤 통이 있는데 거기에 2를 넣으면 4가 나온다는 거다. 물론 3을 넣으면 5가 나올 것이고, 284를 넣으면 286이 나올 것이다.

이 그림을 '통 그림'이라 부르도록 하자.

중고등학교

중학교를 거쳐 고등학교에 이르면 이 과정에서 함수에 대한 설명은 다음과 같은 그림으로 바뀐다.

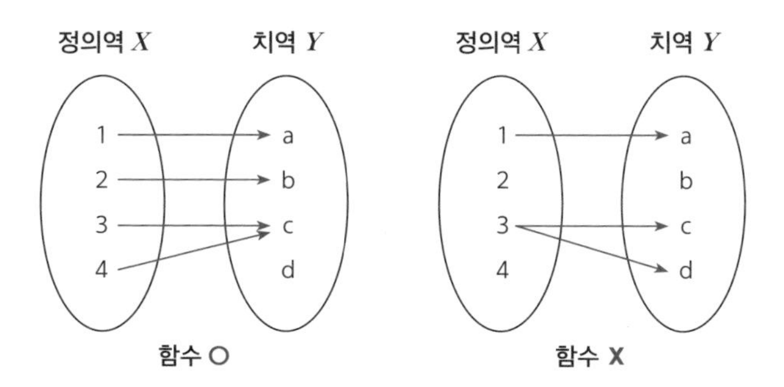

양쪽에 주머니가 2개 있고 그 안에 있는 것들 사이에 줄을 긋는 듯한 그림이다.

이 그림을 '줄긋기 그림'이라 하자.

: 무엇을 이해해야 하는가? :

통 그림과 줄긋기 그림은 똑같은 것을 쉽게 설명하려는 두 가지 방식이다. 하지만 불행하게도 어느 것도 이해하기 쉽지 않다.

어떤 점이 이해가 안 되는가?

얼핏 봐서 이해가 안 되는 것은 없다.

문제는? 이해가 되는 것도 없다는 점이다. 게다가 무엇을 이해 못 하는지, 이해가 어려운 대목이 무엇인지조차도 알 수 없다.

내가 볼 때, 함수를 설명하는 선생님이나 교수들은 자신이 아는 것에 너무 심취해 있다. 그래서 자기가 아는 것을 학생들도 당연히 알 거라고 생각하는 듯하다.

하지만 학생들은 전혀 다른 생각을 한다. 학생들 머릿속에는 어떤 생각이 떠오르는가?

먼저, 통 그림을 보자.

통 속에 '+2'가 있다. 이것이 뭘까?

학생들은 그것이 통 안에 들어오는 수(2)에 '계산'되는 것이라고 생각한다.

어떤 수(2)가 들어오면 거기에 2가 더해지는 것(+2), 그래서 다른 수(4)를 만드는 것이 함수라고 생각하는 것이다.

여기서 학생들은 함수가 계산의 한 부분이라고 생각한다. 2+2=4에서 그 한 부분인 '+2'가 함수라고 보는 것이다. 통 그림이 보여주듯이.

그래서 함수는 더하기나 곱하기, 그리고 아마도 빼기와 나누기를 나타낸다고 생각한다.

그런 계산이 아니면? 함수가 아니겠지! — 이것이 학생들이 하는 생각이다.

선생님들의 생각은?

저기서 '+2'는 하나의 예시일 뿐이라고 생각한다.

그래서 저 통에 사칙연산과 같은 계산뿐만 아니라 어떤 것이라도 들어갈 수 있다고 생각한다.

예를 들어서 모든 수를 2로 만들어주는 통도 함수이다.

하지만 학생들이 어떻게 이 생각에까지 도달하겠는가?

뭐, 좋다! 초등학생 때에는 이 정도로만 해도 충분하다. 이해 못 하는 건 어쩔 수 없다.

문제는 다음에 생긴다.

통 긋기 그림의 의미가 줄긋기 그림과 달라도 너무 달라 보인다는 것이다. 그래서 같은 것을 설명하는 것으로 이해하기가 어렵다.

통 그림과 줄긋기 그림을 비교해보자.

같은 것을 뜻하는 것으로 보이는가? 그렇지 않다.

학생들은 통 그림에서 숫자 두 개가 4라는 숫자로 바뀌는 것을 보고, 줄긋기 그림에서는 숫자 하나가 $a, b, c \cdots$ 등 하나의 원소와 짝지

어지는 것을 본다.

통 그림과 줄긋기 그림이 같은 것을 의미하려면 줄긋기 그림의 정의역 X에 1과 1, 그리고 2와 3, …과 같이 수가 두 개씩 있어야 하지 않을까?

이런 학생들의 생각에 비해 선생님들은 다음과 같이 생각한다.

두 그림은 같은 거다! 왜?

통 그림에서 통 속의 '+2'는 바로 줄긋기 그림에서 화살표와 같은 것이니까.

'+2'가 정의역 X에 있는 각각의 수를 치역 Y에 있는 다른 수로 바꾼다. 그러니까 두 그림은 같은 거다.

문제는 이것을 아무도 설명해주지 않는다는 것이다.

이 책을 읽는 학생들은 이제 두 그림이 같다는 것을 꼭 기억해주길 바란다.

: 더하기와 곱하기는 어떻게 함수인가? :

좋다! 함수는 어떤 수를 다른 수에 대응시키는 것이다.

이게 왜 중요하지? 왜 이 개념을 강조하는 걸까?

앞에서 말했듯이, 수학의 모든 계산이 함수이기 때문이다. 달리 말하면, 함수는 모든 계산의 공통점을 추상화한 것이다.

그런데 이상하다.

계산이라고 하면 더하기, 곱하기 등이 대표적이다.

더하기나 곱하기를 하려면 두 수를 계산해야 하지 않는가?

그렇다면 정의역 X가 두 개가 되어야 할 것 같다. 하지만 함수의 개념에서는 정의역이 하나뿐이다. 어떻게 된 걸까?

일단 이에 대한 대답은 간단하면서도 특별하다.

더하기나 곱하기와 같은 사칙연산은 (a, b)라는 '순서쌍 하나'에 '수 하나'를 대응시키는 함수이다.

즉 (2, 2)에 4를 대응시키고, (2, 3)에 5를 대응시키는 것이다.

곱하기도 같은 방식으로 이루어진다.

더하기나 곱하기도 줄긋기 그림에 해당한다는 것을 간단히 설명했다.

이렇게 두 개의 수를 가진 순서쌍을 하나의 수에 대응시키는 함수를 특별히 '이항연산'이라고 한다.

이 용어 '이항연산'은 예전 수학 교과서에 언급되어 있었다. 하지만 이런 개념을 학생들이 이해하지도 못하고, 당장 고등학생들에게 필요해 보이지 않아서인지 최근에는 빠졌다.

'이항연산'이란 '2항'을 연산(계산)하는 것이다.

그렇다면, 2항이 아니라 3항 혹은 4항 연산도 있을 수 있지 않겠는가. 그렇긴 하다.

하지만 수학에서 3항연산이나 4항연산은 안 나온다. 왜?

2항연산들을 결합해서 3항연산이나 4항연산, 그 이상의 연산도 얼마든지 만들어낼 수 있기 때문이다.

3항, 4항, 5항, … n항 함수를 생각할 수 있지만 이 모든 것이 이항연산(함수)들을 반복해서 결합한 덩어리일 뿐이다.

이 때문에 이항연산은 특별해진다.

즉 기본적으로 함수에는 1항 함수와 2항 함수(이항연산), 두 종류만 존재하게 되는 것이다.

이에 대해 좀더 강조하자면, 1항 함수들을 반복해서 2항 함수를 만들 수는 없다.

한편, 1항 함수의 예는 삼각함수이다.

각도를 하나의 길이 비율(즉, 실수)에 대응시킨다.

일단 이 정도면, 함수의 개념으로 모든 수학적 계산을 다 포괄할 수 있다는 것을 이해할 수 있을 것이다.

: 함수 개념이 의미하는 것 :

함수 개념은 모든 계산의 공통점을 축약한 것이다.

공통점을 축약하는 것, 이것을 '추상화'라 한다.

왜 추상화된 개념을 만들까? 많은 것을 한번에 생각하기 위해서이다.

예를 들어 그것은 던져진 물체들의 공통점을 포물선으로 추상화해서 연구하는 것과 같다.

돌멩이가 던져졌을 때, 나무토막이 던져졌을 때, 그리고 물방울이 튀어나갔을 때 등을 별도로 나누어서 생각할 필요가 없다.

모두 포물선 운동을 할 것이다.

마찬가지로 모든 계산의 공통점을 함수로 파악했을 때, 그 계산이 더하기인지 삼각함수인지 생각하지 않고 한꺼번에 생각할 수 있다.

그렇게 추상화해서 찾아낸 모든 계산의 공통점이 '대응 관계'라는 것이다.

이 '대응 관계'라는 말이 썩 와닿지 않는 경우가 있다. 내 경우에 그랬다.

계산이라면 이 값에서 저 값이 '나온다'고 해야 하지 않을까? 아니면 이 값에서 저 값으로 '바뀐다'거나?

맞다.

그렇다면 '대응한다'라는 말을 '나온다'라는 말이나 '바뀐다'라는 말로 바꿔 생각해도 좋다.

틀린 것은 없다. 대신에, 사실상 달라지는 것도 없다.

A가 B로 바뀐다고 할 때, 그것을 생각하기 위해서 A에서 B로 화살표를 그을 테니까 말이다.

A에 B를 대응시킨 것이다.

함수의 정확한 개념인 줄긋기 그림은 바로 그것을 나타낸다.

통 그림은 나오거나 바뀌는 것을 보여준다고 할 수 있겠다.

: 갑자기 이게 무슨 기호일까? :

이항연산은 두 개의 항 (a, b)에 어떤 값 c를 대응시키는 함수이다.

이 대응이 계산이다. 계산을 다른 말로 '연산'이라 하기도 한다.

이것이 '이항연산'이라는 말의 상세한 뜻이다.

이것은 더하기, 곱하기 등 사칙연산의 공통점을 뽑아낸 것이다. 추상화를 기억하라.

더 나아가서, 두 개의 값으로 하나의 값을 계산해내는 모든 규칙을 추상화한 것이다.

그러니까 a와 b를 꼭 더하거나 빼는 것이 아니라 어떻게 결합해도 된다. — 바로 이런 뜻으로 '+'나 '×' 기호를 쓰지 않고 '$*$'나 '◎'와 같은 기호를 쓴다.

사실 거기에 어떤 기호를 써도 된다. 특정하게 정해진 계산을 의미하는 기호만 아니라면.

그래서 어떤 사람은 '$*$'를 쓰지만 어떤 사람은 '◇'를 쓸 수도 있다.

이건 정말, 자기 마음대로 해도 된다.

오히려 그럴 수 있어야 정확한 수학이다.

나는 고등학생 때 $a * b$와 같이 쓰고 이에 대해서 설명하는 수학 내용을 별로 좋아하지 않았다.

다행히, 그와 관련된 문제들이 그렇게 풀기 어렵지는 않았다. 하지만 왜 갑자기 듣도 보도 못한 '$*$'나 '◎'와 같은 기호들을 꺼내 쓰는지 이해할 수 없었다. 그런 내용들이 불편했다. 싫었던 것이다.

아무도 풀어서 설명해주지 않았던 그 '싫었던 내용'을 방금 설명했다. 간단히 요약하자면,

'$*$'나 '◎'와 같은 이상한 기호는, 거기에 더하기도 들어갈 수 있고 곱하기나 빼기도 들어갈 수 있는, 어떤 이항연산이라도 들어갈 수 있는 빈칸을 의미하는 것이다.

그렇다면, 다음과 같은 문제를 왜 풀어보라고 하는지 대략 이해할 수 있을 것이다.

문제

임의의 두 실수 a, b에 대하여 연산 $*$와 ◎를

$$a * b = a + b - ab,\ a \circledcirc b = 2(a+b)$$

와 같이 정의하자. 이때 $(2 * 3) \circledcirc (3 * 4)$의 값을 구하여라.

이 문제의 답은 $2((2+3-6)+(3+4-12)) = -12$라는 것을 어렵지 않게 알 수 있다.

잘 모르고 공부할 때는 '이런 문제를 왜 풀라고 하나?'라고 생각할 만하다.

알고 보면 이런 문제로 학생들에게 말하려고 하는 메시지는 다음과 같다.

두 수에 어떤 값을 대응시키는 규칙을 (사칙연산이 아니라) 어떤 방식으로도 만들 수 있다. 그러니까, 너희 학생들도 그런 식으로 자유롭게(창의적으로) 생각해봐!

규칙을 어떤 방식으로든 만들 수 있다! 이것이 핵심이다.

그리고 규칙을 만들었다면 그것을 정의하고 그대로 잘 쓸 수 있으면 된다.

(2, 3)이나 (3, 4) 등 모든 순서쌍에 하나의 수 1을 대응시키는 연산도 괜찮을까? 괜찮다. 어쨌든 하나의 순서쌍에 하나의 값이 혼란 없이 대응되었으니까.

물론 이런 계산은 쓸모가 없을 것이다. 그래서 수학적인 것처럼 보이지 않는다.

오히려 이 때문에, 이렇게 쓸모없게 정의된 연산이 문제로 출제되면 굉장히 어렵게 느껴질 수 있다. 예를 들어 다음과 같은 문제 말이다.

문제

임의의 두 실수 a, b에 대하여 연산 $*$와 ◎를

$$a * b = 1, \quad a ◎ b = 0$$

과 같이 정의하자. 이때 $(2 * 3)◎(3 * 4)$의 값을 구하여라.

이런 문제를 보고 당황하는 학생들이 있을 것이다.

이항연산에 해당하는 단원에서 도대체 무엇을 생각하고 배워야 하는지 모른 채 자주 출제되는 유형의 문제만을 반복해서 공부한 학생들이 그렇다. 그런 학생들은 이렇게 생각할 것이다.

> "어? $a * b$의 값이 왜 1로 정의되어 있지? $a * b = a + b + 2$와 같은 방식으로 정의되어야 하는 것이 아닐까?"
> "그냥 저기에 1과 0을 주면 어떻게 해? 저렇게 하면 계산이 되기나 하나?"

그렇다, 계산이 된다! 더 쉽게 계산이 된다.

그냥 a와 b 자리에 어떤 수가 있든 1이나 0으로 바꾸면 되니까.

그렇게 정하면 그렇게 되는 거다. 그리고 이 단원에서는 그런 생각을 할 수 있는 것이 공부의 핵심이다.

그래서 위 문제의 해답은 쉽게 0이라는 계산을 할 수 있다.

중요하니까 다시 강조하겠다.

핵심은 다음과 같다.

> **규칙을 어떤 방식으로든 만들 수 있다.**
> **그리고 그것을 정확하게 잘 지키기만 하면 된다.**
> **그 규칙이 아무리 바보 같거나 단순해도, 혹은 너무 복잡해도 상관없다.**

: 교환법칙은 왜 법칙인가? :

'이항연산'이라는 것에 대해서 간단히 배우고 나면 우리는 수학 교과서에서 덧셈과 곱셈의 교환법칙 및 결합법칙이라는 것을 보게 된다.

여기서 학생들은 다시 의문을 갖게 된다.

결코 아무에게도 말하지 못했던 의문.

> "덧셈의 교환법칙이 왜 법칙이야? 2+3이 3+2와 같다는 건 당연한 거 아닌가?"

그렇지 않다. 왜?

덧셈과 곱셈 같은 이항연산이 (a, b)에 어떤 값 c를 대응시키는 함수라는 것을 생각하면 답이 나온다.

교환법칙이 성립한다는 것은 무엇을 의미하는가?

(a, b)와 (b, a)에 항상 같은 값이 대응된다는 것을 의미한다.

이것이 $a+b=b+a$라는 것의 수학적 바탕인데, 그렇게 당연하지 않은 사실이다.

왜냐하면 우리는 모두 (a, b)와 (b, a)가 기본적으로 다르다는 것을 알고 있기 때문이다.

따라서 이것이 성립한다면 특별히 언급할 필요가 있다.

결합법칙도 같은 방식으로 이해할 수 있다.

$(a+b)+c=a+(b+c)$가 항상 성립한다는 것이 결합법칙이다.

이것의 바탕인 이항연산의 정의를 사용해 생각해보자.

일단 $(a+b)+c$에서 (a, b)에는 u가 대응되고, $a+(b+c)$에서 (b, c)에는 v가 대응된다고 할 수 있다.

u와 v가 의미하는 것은 하나다. 두 값이 다르다는 것!

자, 이제 $(a+b)+c=a+(b+c)$가 성립하려면 (u, c)와 (a, v)에 항상 같은 값이 대응되어야 한다.

이것은 별로 당연해 보이지 않는다.

그래서 이것이 성립한다는 것은 특별한 조건이라 할 수 있다. '결합법칙'이라는 이름을 붙일 정도로 말이다.

: 수학에서의 기본적인 함수들 :

몰라도 시험 문제를 푸는 데에 큰 지장은 없겠지만, 수학의 모든 내용은 어떤 것(대상)과 그것들을 계산하는 규칙(함수)들로 구성되어 있다. 그리고 이것이 전부이다.

다만 대상과 함수들의 종류가 다양하게 많을 뿐이다.

대상에는 숫자와 도형들, 그리고 그 밖의 여러 가지 추상적인 개체들이 있다.

함수는 어떨까? 함수는 학생들의 관심거리가 될 수 있다. 수학 교과서에는 여러 종류의 함수가 나오기 때문이다. 그리고 새로운 함수들이 나타날 때마다 어려운 공부거리가 늘어난다.

대학에 가서 계속 수학을 공부한다면 도대체 얼마나 많은 것들을 더 배워야 하는 거지?

막연한 두려움을 줄이기 위해 앞으로 만나게 될 함수의 종류를 간단히 정리하고 넘어가자.

앞에서 설명했듯이 수학의 모든 함수들은 단항함수와 이항함수로 구분된다.

가장 중요한 이항함수, 즉 2항연산은 사칙연산이다. $+$, $-$, $\times$, $\div$.

좀 어려운 것은 1항 함수, 즉 '그냥' 함수들이다.

여기에는 지수함수와 로그함수, 그리고 삼각함수가 있다.

고등학교 교과서에서 이에 대한 기본적인 내용들을 배우고 대학에

가서 이것이 변형 확장된다. 그래서 쌍곡선함수, 역삼각함수 등이 나타난다.

하지만 전체적으로 이 정도 내용이 전부라고 생각하면 된다.

5

지수와 로그

: 지수의 아이디어 :

8192와 65536을 곱한다고 생각해보자. 이 곱셈 계산은 상당히 복잡할 것이다.

하지만 좀더 간단하게 계산하는 방법이 있다.

어떻게?

그 단서는 1000000과 10000000000을 곱하는 방법에서 찾는다.

둘 다 큰 수이다. 숫자에 붙은 0의 개수가 많다.

이 두 수를 곱할 때 0의 개수를 더하기만 하면 된다.

즉, 1000000×10000000000=10000000000000000

앞의 수는 0이 6개이고, 뒤의 수는 0이 10개이다. 그러니까 두 수를 곱하면 0이 16개가 되는 것이다.

0의 개수가 너무 많으니까 이것을 더 편하게 생각하기 위해 우리는 지수를 사용한다.

이렇게.

$$10^6 \times 10^{10} = 10^{16}$$

매우 큰 수뿐만 아니라 매우 작은 수를 계산할 때도 같은 일이 발생한다.

$$0.0000001 \times 0.00000000001 = 0.000000000000000001$$

이 계산이 어렵지는 않지만, 0의 개수를 정확히 센다는 것은 쓸모없이 까다롭다.

그냥 다음과 같이 쓰면 편할 것이다.

$$10^{-7} \times 10^{-11} = 10^{-18}$$

역시나 10의 거듭제곱으로 나타낼 수 있다.

같은 수나 같은 문자를 여러 번 곱할 때 거듭제곱의 꼴로 만들 수 있기 때문이다.

이제 0이 길게 이어지는 수뿐만 아니라 8192와 65536 같은 수를 곱할 때도 똑같이 생각할 수 있다.

단 하나만 안다면!

그것은 8192와 65536을 어떤 수의 거듭제곱으로 나타낼 수 있는가 하는 것이다.

알고 보면, 8192는 2^{13}이고 65536은 2^{16}이다.

따라서 8192×65536은 곧 $2^{13} \times 2^{16}$이 된다.

이제 계산은 간단해졌다. 답은 2^{29}이다.

물론 $2^{29} = 536870912$라는 것을 계산하는 것은 별도 문제이지만. (때때로 이 계산이 불필요한 경우가 많다.)

이 생각을 모든 수의 계산에 적용한다. 이것이 지수와 로그의 핵심이다.

8192를 2^{13}으로 바꾸듯이 모든 수를 어떤 수의 지수로 나타낸다.

그리고 이 지수의 더하기가 원래 수의 곱하기가 된다. 이것을 로그로 나타낸다.

이제 이 내용을 좀더 상세히 살펴보자.

: 기본적인 지수 :

지수의 기본 개념은 간단하다. 반복되는 곱하기를 줄여서 표시한 것이다.

$$2\times2\times2=2^3$$

2를 세 번 곱했다. 그래서 2^3이라고 쓴다.

놀라운 것은 이 단순한 표현에서 출발해서 놀라운 수학적 공식들이 나온다는 것이다.

일단 기본적인 것은 교과서에 항상 나오는 다음과 같은 지수 법칙이다.

> a와 b가 자연수(0보다 크다는 의미)이고 m, n이 유리수일 때
>
> (1) $a^m\times a^n=a^{m+n}$ (2) $a^m\div a^n=a^{m-n}$
>
> (3) $(a^m)^n=a^{mn}$ (4) $(ab)^n=a^nb^n$

고등학교 수학을 위해서는 지수를 모든 수로 확장한다는 것이 중요하다.

2^3에서 보듯이 출발점은 지수 3과 같은 자연수 지수였다.

일단 지수가 0인 경우를 보자.

밑수가 얼마든 간에 지수가 0이면 그 값은 1이다. 즉, $a^0=1$.

이것이 가끔 헷갈릴 때가 있다. $a^1=0$인지, $a^0=1$인지가 헷갈리는 것이다.

이럴 때는 간단히 다음과 같이 3줄을 쓰면 된다.

$$3^2=9$$

$$3^1=3$$

$$3^0=1$$

위에서부터 차례대로 한 번씩 3으로 나누는 것이다. 그러면 지수가 1씩 줄어들고, 3으로 나누게 된다.

마지막 줄에서, 윗줄 숫자의 지수에서 1을 빼서 0을 만들고 3을 3으로 나누어 1이 된다.

물론 지수가 0이면 그 값은 1이라는 것을 외우면 간단하다.

하지만 이것이 헷갈린다면, 즉 외우지 못했다면, 이런 방법이 가장 정확하다. 3줄을 써야 해서 조금 귀찮을 뿐이다.

음수 지수도 헷갈릴 때가 있다. 특히 지수 연산에 익숙하지 않을 때.

나 같은 경우에는 음수 지수가 분수값인지 제곱근 값인지 때때로 헷갈린다.

그렇다면 역시 위의 3줄 쓰기에 다음과 같이 한 줄을 더하면 된다.

$$3^2 = 9$$

$$3^1 = 3$$

$$3^0 = 1$$

$$3^{-1} = \frac{1}{3}$$

: 지수, 함수가 되다 :

지수가 음수라면 그 수의 값은 분수가 된다.

이것을 확인하고 나면?

지수가 분수일 때 그 수의 값은 제곱근이 된다는 것에 비해 덜 헷갈릴 것이다.

그런데 지수가 분수 단계쯤에서 금방 이해하기 어려운 내용으로 나아갈 수 있다.

다음에서 x의 값은 얼마일까?

$$3^x = 15$$

3^2은 9이고 3^3은 27이다. 그렇다면 x는 2도 아니고 3도 아니다.

이런 상황에서 x가 4나 5가 될 리는 없다.

먼저 생각해야 할 것이 있다. 이와 같은 x값이 존재하기나 할까?

내가 한 고등학교에서 수학 강의를 할 때 이런 값이 존재한다고 말하니까 학생들이 금방 이해하지 못했다.

어떻게 x값이 존재하는지 생각해보자.

$3^2 = 9$이므로 x는 2보다 크다. 또 $3^3 = 27$이니 x는 3보다 작다.

그러니까 x가 2.5라고 해보자. 이때 값은,

$3^{2.5} = 15.58845726\cdots$이 나온다. 대략 비슷하다. 물론 정확한 값은 아직 아니지만.

그런데 잠깐! $3^{2.5}$의 값은 어떻게 구할 수 있을까?

기본적으로 분수 지수는 제곱근을 나타낸다는 점을 기억하면 된다.

2.5는 $\frac{5}{2}$이고, 따라서 $3^{2.5}=3^{\frac{5}{2}}$이다. 그러니까, $\sqrt{3^5}$을 구하면 이 값을 구할 수 있다.

$3^5=243$이므로, 제곱해서 243이 나오는 수를 찾는 것이다.

계산기로 제곱근을 계산하지 않고 손으로 계산하는 여러 방법이 있지만, 여기서 설명하지는 않겠다.

수학적으로 중요하지 않고 그래서 시험에 나오지 않기 때문이다.

계산은 계산기에 맡기고 우리는 수학을 해야 한다. 그것이 논리적인 사고이다.

중요한 것은? 어떤 수가 있든 그 제곱근을 구할 수 있다는 사실이다. 제곱근뿐이겠는가? 세제곱근이나 네제곱근 등을 항상 구할 수 있다.

예를 들어 $3^{\frac{13}{7}}$의 값을 구해야 한다면, 3을 13번 곱한 값의 7제곱근을 구하면 될 것이다.

역시 그 계산은 복잡하고 까다로울 것이다.

하지만 수학에서 필요로 하는 논리적 사고로 우리는 그것이 가능하다는 것을 안다.

자, 이제 다시 $3^x=15$가 되는 정확한 x의 값을 생각해보자.

$x=2.5$일 때 거의 15에 가까운 값이 나왔다.

하지만 15.58845726…은 15보다 16에 더 가깝다.

그래서 $x=2.5$가 아니라 $x=2.47$을 넣어서 $3^{2.47}=15.083061\cdots$로 15에 더 가깝게 만들 수 있다.

문제는 지수에 어떤 분수를 넣어도 정확히 15가 나오지 않을 수 있다는 점이다. 하지만 점점 더 정확한 값으로 분수를 접근시켜 나가는 것 역시 가능하다.

2.5에서 2.47로, 다시 2.465, 그다음에는 2.46498⋯ 이렇게 지수를 복잡한 유리수로 바꿔나가면 값이 점점 더 정확한 값 15에 다가갈 것이다.

$$3^{2.465}=15.00043636\cdots$$

$$3^{2.46498}=15.00010677\cdots$$

그러다 보면 지수에 반복하지 않는 무한소수가 들어가야 정확히 15가 나올 것이다.

즉 지수에 유리수가 아닌 무리수가 들어가는 것이다.

상세하고 정확한 증명은 건너뛰자. 어렵고 따분하기 때문이다.

대신에 그럴듯한 설명을 예시를 들어 보여주려 했다. 중요한 것은 이해다.

어쨌든 여러분은 다음 사항을 기억하면 된다.

지수 x에 넣는 실수를 바꿈으로써 3^x을 어떤 수로든 만들 수 있다.

여기서 마지막으로 한 단계만 더 나아가고 정리하자.

3^x에서 지수 x에 어떤 수를 넣어서 3^x을 어떤 수로도 만들 수 있다면, 4^x이나 5^x의 경우에도 그럴 것이다.

그래서 일반적으로 a^x의 밑수 a에 어떤 수가 오더라도 $a^x=c$가 되도록 하는 x값이 있을 것이다.

단, 다음의 두 가지 경우에는 매우 예외적인 상황이 발생한다.

첫째, $a^x=c$에서 밑수 a가 1인 경우에는 c가 반드시 1일 수밖에 없다. c가 1이 아닌데 a가 1이라면($1^x=3$) x는 불능이다.

불능? 불가능! 어떤 수로도 이 조건을 충족시키지 못하는 것이다.

둘째, 밑수 a가 음수가 되는 경우에도 문제가 발생한다.

$(-2)^3$은 -8이 되겠지만 $(-2)^4$은 16이 된다.

부호가 음수와 양수로 계속 바뀌는 것이다.

뭐, 이 정도는 그렇다 치자.

$(-2)^{2.4}$의 부호는 어떻게 될 것인가? 논리적으로 생각할 수가 없다.

그래서! 지수와 로그를 따질 때 ① 밑이 음수이거나, ② 밑이 1인 경우를 제외해야 한다.

자, 그렇다면 우리는 $a^x=c$에서 a를 그냥 어떤 수로 고정시켜놓고 x만 생각해서 모든 수를 만들어내는 것이 편하지 않을까?

그렇다. 그래서 수학자들이나 공학자들은 $e=2.71828\cdots$이라는 특별한 무리수를 사용한다.

이것이 대학 이공계에서 자주 보게 되는 $y=e^x$이라는 함수이다.

문과계 수학에는 포함되지 않지만, 이 정도는 간단하게 알아두면 나쁘지 않을 것이다.

: 지수, 간단 정리 :

정리를 해보자.

$a^x=c$에서 지수 x가 0일 때 그 값이 1인지 0인지 헷갈린다면 3줄을 써보자.

지수는 자연수나 정수뿐만 아니라 모든 실수가 될 수 있다.

그래서 c의 값 역시 어떤 수라도 될 수 있다.

지수가 음수가 되면 c의 값은 분수가 되고, 지수가 분수가 되면 c의 값은 제곱근이 되며, 지수가 무리수를 포함한 실수가 되면 c값은 모든 양의 실수가 될 수 있다.

이 때문에 밑수를 고정시켜놓고 지수인 x값만을 생각하는 지수함수를 사용하기도 한다.

원래 $a^x=c$는 a와 x에 c를 대응시키는 이항연산이지만, 이것을 x의 1항 함수로 바꾸는 것이다.

'제곱 연산' 혹은 '지수 연산'이 아니라 '지수함수'라는 말은 여기서 나온다.

(주로 2항 함수를 연산이라고 부른다. 반드시 그런 것은 아니지만.)

이런 것을 확인하면서 다음과 같은 교과서의 기본 개념들을 다시 생각해보자. (여기에는 지수가 무리수인 경우는 빠져 있다.)

a를 실수, m을 정수, n을 자연수라 할 때, 지수가 0, 음수, 유리수인 경우를 다음과 같이 정의한다.

(1) 지수가 자연수일 때: $a^n = a \times a \times a \times \cdots \times a$ (a를 n번 곱한 것)

(2) 지수가 정수(0을 포함)일 때: $a^m = a^{-n} = \frac{1}{a^m}$, $a^0 = 1$

(3) 지수가 유리수(분수)일 때: $a^{\frac{m}{n}} = \sqrt[n]{a^m}$ (단 n이 짝수일 때 $a > 0$)

: 로그 :

로그의 기본 개념도 매우 간단하다.

앞의 이야기로 잠깐 돌아가보자.

$$1000000 \times 10000000000 = 10^6 \times 10^{10} = 10^{16} = 10000000000000000$$

여기서 수학적 기술의 핵심은 $10^6 \times 10^{10} = 10^{16}$이다.

이때 우리의 생각을 잘 살펴보자.

생각의 핵심은 $10^6 \times 10^{10} = 10^{16}$이 아니라 6+10=16이라는 것이다.

이때 6과 10이 지수라는 것을 표시하면 좋을 것이다.

이것을 잘 써보자, 다음과 같이.

(10을 1000000으로 만드는) 지수 6 더하기(+)

(10을 10000000000으로 만드는) 지수 10은(=) 16이다.

기호를 도입해서 이것을 짧게 쓴 것이 다음과 같은 로그 표현이다.

$$\log_{10}1000000 + \log_{10}10000000000 = 6 + 10$$

밑수가 10이어서 말하려는 요지가 헷갈릴 수 있겠다.

이해가 중요한 대목이므로 보다 간단한 예를 다시 한번 들겠다.

$$8\times16=2^3\times2^4=2^7=128$$

여기서 계산의 핵심만 꺼내면,

(2를 8로 만드는) 지수 3+(2를 16으로 만드는) 지수 4=7.

이것을 기호(log)로 표시하면,

$$\log_2 8+\log_2 16=3+4=7$$

이 된다.

이렇게, 로그는 지수의 계산만 따로 떼어내서 생각하기 위한 도구이다.

다만 거기에, 이 수의 출처를 표시해놓고자 할 뿐이다.

어쨌든 핵심은 '지수만 따로 떼어 생각하는 것'이다.

지수도 그냥 평범한 수일 뿐이다.

그래서 사칙연산 등의 모든 법칙을 따른다.

1000000×10000000000에서 보듯이 지수를 사용하지 않고 생각하면 매우 큰 수나 매우 작은 수를 계산할 때는 쓸데없이 불편해진다.

로그를 이용하면 그 과정을 훨씬 편리하게 할 수 있다.

새로운 기호가 도입되는 바람에 어렵게 보이기는 하지만,

어렴풋이나마 다들 알고 있는 이야기를 길게 했다.

왜? 다음의 사항을 강조하기 위해서이다.

첫째, $\log_a b = c$에서 $\log_a b$ 전체는 하나의 수이다. c라는 수인 것이다.

강조해서 말하자면 $\log_a b$는 단순한 수일 뿐, 그 이상의 복잡한 뭔가가 아니다. 그것은 그냥 수이다.

그저 그 수의 출처, 즉 그것이 어떤 수의 지수라는 출처를, 표시하는 방식일 뿐이다.

둘째, $\log_a b = c$에서 c는 'a를 거듭제곱해서 b가 되게 만드는 수'를 가리킨다.

여기서 당연한 것을 말장난처럼 강조해보겠다. 로그 이해에 중요한 대목이다.

$\log_a b$는 a를 b로 만드는 지수 값이다. $\log_2 8 = 3$에서 3은, 2를 8로 만드는($2^3 = 8$) 지수 값이듯이.

그리고 $\log_2 8$이 곧 3이다. 그래서 $\log_2 8 = 3$이라고 쓴다.

둘은 같은 수이고, 똑같이 2를 8로 만드는 지수이다.

: 로그 공식의 이해 :

자, 여기서 로그를 사용할 때 자주 등장하는 공식을 굉장히 쉽게 이해할 수 있다.

바로 이 공식이다.

$$a^{\log_a b}=b$$

로그를 처음 배울 때 이런 공식을 보면 무척 신기하게 보인다.

외워야 하는 내용인 것이다.

왜 이런 식이 성립할까? 설명을 들을 것이다.

하지만 그 설명을 기억하는 학생은 많지 않다. 그 설명도 복잡한 경우가 많다.

학생들은 왜 이런 식이 성립하는지 이해하기보다는 외우기 바쁘다.

아마도 이 공식($a^{\log_a b}=b$)을 기억하고 암기할 때는, 맨 앞의 a와 로그 안의 a를 약분하듯이 지울 수 있다고 외울 것이다.

하지만 로그 기호가 무엇을 의미하는지를 잘 알고 보면 이 식은 매우 이해하기 쉽다.

방금 내가 강조해서 설명한 로그의 개념 말이다.

자, a를 몇(?) 제곱해서 b로 만드는 지수를, a의 지수로 얹으면? b가 나올 것이다.

왜? 그 말이 그 말이니까.

이해를 돕기 위해 비유를 들어보자.

철수(a)가 배부르게(b) 먹을 수 있을 만큼의 음식($\log_a b$)이 있다. 이것을 철수가 먹으면($a^{\log_a b}$) 철수는 배가 부르게 될까? 당연하게도 배가 부를 것이다.

그 음식이 얼마만큼의 음식인지는 따질 필요가 없다. 배부르게 먹을 수 있는 만큼의 음식이라고 했으니까.

이와 같이 말장난 수준으로 같은 말을 반복하는 것이 이 대목이다.

사실 수학의 모든 부분이 이런 특징을 가지고 있지만.

$2^{\log_2 8}=8$의 경우를 보자.

2의 지수인 $\log_2 8$의 의미는? 2를 몇(?) 제곱해서 8로 만드는 수라는 뜻이다.

그러니까 $2^{\log_2 8}$처럼 그런 수($\log_2 8$)만큼 2를 거듭제곱하면 8이 나온다.

예시 문제

$\log_a(N^{\log_N a})$의 값은 얼마인가?

괄호 안을 보면 $N^{\log_N a}$의 의미는 간단하다.

N을 몇(?) 제곱해서 a로 만드는 지수($\log_N a$)를 N에 제곱한다. 즉 N을 a로 만드는 방법을 N에 적용하는 것이다.

그러면? 당연히 a가 나온다.

이제 $\log_a a$이다. 이것은 a를 몇 제곱하면 a가 되지? — 이렇게 생각해야 한다.

1제곱이다.

그러므로 최종적인 답은 1.

그 밖에도 다음과 같은 기본 공식들 중 일부는 매우 당연하게 이해할 수 있다.

$a>0$, $a\neq1$이고 $b>0$, $M>0$, $N>0$이라 할 때,

① $\log_a MN=\log_a M+\log_a N$

② $\log_a \frac{M}{N}=\log_a M-\log_a N$

③ $\log_{a^m} b^n=\frac{n}{m}\log_a b$

④ $\log_a b=\frac{\log_c b}{\log_c a}$ (단, $c>0$, $c\neq1$)

⑤ $\log_a b\cdot\log_b c=\log_a c$ (단, $b>0$, $b\neq1$)

여기서 ①과 ②는 이제 쉽게 이해가 갈 것이다.

이 수학 공식을 이해하는 좋은 방법이 하나 있다.

마치 시(詩)의 구절을 읽고 그 뜻을 음미하듯이, 수학 공식들도 가만히 읽고 그 뜻을 새겨서 이해하는 것이다.

$\log_a b$ 전체가 a를 b로 만드는 지수 값이라는 것을 기억하면서 들여다보면 이 공식들이 단순하고 당연한 의미를 가지고 있음을 알 수 있다.

③, ④, ⑤는 잘 생각하면 당연하다.

하지만 얼핏 보면 당연해 보이지 않을 수도 있다.

역시 관건은 로그의 의미($\log_a b$ 전체가 a를 b로 만드는 지수라는 것)로 이 공식들이 당연하게 보이느냐의 문제다.

간단한 설명을 이어지는 페이지에서 확인할 수 있다.

하지만 설명 자체가 귀에 잘 들어오지 않으면 오히려 어렵게 여겨질 수 있다.

그러니까, 다음 설명이 금방 이해되지 않으면 ③, ④, ⑤의 공식은 외우도록 하자.

: 보조 설명 :

(금방 이해가 안 되면 건너뛰자)

③은 이렇게 이해하면 된다.

지수($\log_a b$)를 고정시키고 생각해보자. 그러면 $2^3=8$이고 $4^3=64$이다.

즉 지수 3(이것이 $\log_a b$이다)이 고정되면 2를 4로 만드는 지수는 8을 64로 만드는 지수와 비례한다는 말이다.

④에 대해서는 어떤 수 c를 생각하고는 $c^m=a$이고 $c^n=b$라고 놓는 것이다.

앞에서 설명했듯이 어떤 수(c)를 고르더라도 m(많은 경우 이것은 무리수일 것이다.) 제곱해서 a가 되고 n제곱해서 b가 되도록 정할 수 있다.

그러면 $\log_a b=\log_{c^m} c^n$이 된다. 그다음에는 ③에 따라서 $\frac{n}{m}\log_c c$가 되고 $\log_c c=1$이다.

끝으로 n은 c를 a로 만드는 지수($n=\log_c a$)이고 m은 c를 b로 만드는 지수($m=\log_c b$)이다.

⑤에 대해서는 지수 법칙 중 $(a^m)^n=a^{mn}$을 생각하면 된다.

$b=a^m$이라 하면, a를 b로 만드는 지수($\log_a b=m$)와 b를 c로 만드는 지수($\log_b c=n$)를 곱한 것이 a를 c로 만드는 지수($\log_a c=mn$)이다.

: 무리수 e :

(이공계 학생들을 위한 설명)

이공계 수학으로 들어서면 지수와 로그에서 무리수 e가 자주 나타난다.

e란 무엇인가?

일단 e는 2.7182818284…로 이어지는 무리수이다.

그런데 이 수는 어디서 생겨난 걸까?

출처는 다음과 같은 복리계산이다.

돈 100만 원을 은행에 맡긴다고 해보자. 은행은 이자를 주는데, 주로 복리로 준다.

복리가 뭐냐고?

이자에 이자가 붙는 방식을 복리라 한다.

100만 원을 맡겼는데, 10% 이자로 10만 원이 생기면 110만 원이 된다. 그다음에 이자는 다시 110만 원에 대한 이자로 11만 원이 생기는 것이다. 이것이 복리다.

복리가 아닌 것이 단리이다. 단순한 이자라 생각하자.

100만 원을 맡기고 거기에 10% 이자로 10만 원이 생기면 110만 원이 된다. 그런데 그다음에도 이자는 10만 원만 생긴다. 먼저 생긴 이자 금액 10만 원에 대해서는 추가적으로 이자가 생기지 않는다. 이것이 단리이다.

이제 100만 원에 대해서 5%의 복리 이자를 계산해보자.

이자 1번, 100만 원 원금$\times(1+0.05)$

이자 2번, 새로운 원금[100만 원$\times(1+0.05)$]$\times(1+0.05)$

이자 3번, 새로운 원금[100만 원$\times(1+0.05)\times(1+0.05)$]$\times$ $(1+0.05)$

…

이자 n번, 100만 원$\times(1+0.05)^n$

이렇게 이자를 자주 받으면 원리금(원금+이자)의 액수가 커진다.

하지만 이자를 주는 은행도 많은 이자를 더 자주 주려고 하지는 않을 것이다.

이자를 많이 준다면 가끔 줄 것이고 반대로 이자를 자주 준다면 이자율이 낮을 것이다.

그렇다면 생각해보자.

작은 이자(이율)를 자주 주는 것이 좋을까 아니면 큰 이자를 드물게 주는 것이 좋을까?

이런 고민에서 시작해서 이자 주는 횟수로 이자를 나누자.

예를 들어 1년에 한 번 이자를 줄 때 이율이 0.05였다면 1년에 10번 이자를 준다면 (이율 0.05를 10으로 나눈 값인) 0.005만큼 이자를 주는 것이다.

그래서 이자를 한 번 줄 때 100만 원$_{원금}$×(1$_{원금}$+0.05$_{이자}$)만큼 준다면, 이자를 10번 줄 때 100만 원^{원금}×$(1+0.05/10)^{10}$만큼 주는 것이다.

이제 이율을 낮추면서 이자 주는 횟수를 높이는 정도는 10번이 아니라 다음과 같이 n번으로 생각할 수 있다.

(이제 이자 0.05를 간단히 1로 바꾸자.)

$$\text{복리 금액} = \text{원금} \times \left(1+\frac{1}{n}\right)^n$$

여기서 $(1+\frac{1}{n})^n$이 e라는 무리수의 출처이다.

결론을 미리 말하자면 n의 값이 무한정 커질 때 $(1+\frac{1}{n})^n$의 값이 무리수 2.7182818284…에 끊임없이 다가간다는 것이다.

'무한히 다가간다'는 것이 곧 극한(lim)이므로 이렇게 쓸 수 있다.

$$\lim_{n\to\infty}\left(1+\frac{1}{n}\right)^n = e$$

: e에 대한 간단한 추가 사항 :

이공계 학생들이라면 e를 설명한 앞의 수식에서 조금 더 생각하는 것이 좋다.

n에는 어떤 수가 들어가도 되는 '빈칸'이라는 것을 생각하자.

그러니까 거기에는 $\frac{1}{m}$도 들어갈 수 있다. 다음과 같이 말이다.

$$\lim_{(\frac{1}{m})\to\infty}\left(1+\frac{1}{(\frac{1}{m})}\right)^{(\frac{1}{m})}=e$$

$\frac{1}{m}$이 무한히 커진다는 것은 m이 무한히 작아져서 0에 접근한다는 것을 의미한다.

분모가 작아지면 분수 전체는 커지니까 말이다. 그래서 식을 풀면,

$$\lim_{m\to\infty}(1+m)^{\frac{1}{m}}=e$$

그래서 e는 다음 두 가지 중 어느 것이든 성립한다.

$$\lim_{n\to\infty}(1+\frac{1}{n})^n=\lim_{n\to 0}(1+n)^{\frac{1}{n}}=e$$

여기서 빈칸 m의 이름을 n으로 다시 바꾸었다.

어차피 하나의 빈칸일 뿐이기 때문에 그 이름이 달라져도 실제로 달라지는 것은 없다.

단 극한은 무한대($n\to\infty$)에서 0($n\to 0$)으로 바뀌었다.

: e의 의미에 대한 느낌 잡기 :

무리수 e에 대해 기본적인 사항을 설명했다.

그런데 이런 내용이 어려운 학생들, 혹은 귀찮게 느껴지는 학생들도 있을 것이다.

그러면 e라는 수가 2.7 정도의 무리수라는 것만 외우자.

일단 이 정도면 당장 수학 문제 푸는 데에는 큰 어려움이 없다.

그러면 남는 문제.

이 수 e는 도대체 무슨 의미이지? 왜 이 값이 중요하고 이공계에서 많이 쓰일까?

수학 선생님은 이런 물음에 잘 대답해주지 않으신다.

이런 종류의 '문학적인 설명이나 이해'는 수학이 다루지 않는다고 보는 것이다.

내가 e를 설명하는 방식은 좀더 '느낌'적인 접근이다. 왜 2.7에 가까운 무리수를 굳이 사용하는지에 대해서 느낌을 잡으라고.

그 느낌이 착각이든 뭐든 상관없다. 수학 공부를 하는 데 방해가 안 되고 오히려 도움이 된다면 나쁘지 않을 것이다.

무리수 $\pi=3.141592\cdots$가 그냥 중요하고 자주 쓰이는 수라고 아는 것보다는, 그것이 원의 지름과 둘레의 비율(원주율)이라는 것을 생각하는 것이 도움이 되는 것처럼.

e의 의미는 증가와 정체의 절묘한 균형이라 할 수 있다.

e의 출처를 다시 생각해보자.

복리 계산에서 이자가 커진다면 원리금 총액은 커질 것이다.

대신에 이자 횟수가 줄어들어 원리금 총액은 적어질 것이다.

여기서 e의 출처인 $(1+\frac{1}{n})^n$을 다시 보자. 극한을 떼고 보는 것이다.

이것을 보면 이자율인 $\frac{1}{n}$과 횟수 n이 하나로 묶여 있음을 알 수 있다.

무슨 말인가?

이자나 횟수가 얼마든 상관없다는 말이다.

이자가 적어지면 횟수가 늘어날 것이고 이자가 많아지면 횟수가 줄어들 것이다.

그리고 이것이 자연의 본성이다. (나의 개인적인 설명 방식이다.)

앞에서는 은행의 입장에서 이자가 늘면 횟수가 줄어든다고 설명했다.

하지만 사실 자연적인 모든 현상이 은행처럼 냉정하고 교묘하다.

뭔가가 증가할 이유도 있지만 어느 정도만 증가할 수밖에 없는 이유도 함께 있다.

무리수 e는 이런 균형 잡힌 증가율이라고 이해할 수 있다.

게다가 잘 보면, 이것이 이자율이 얼마냐와 상관없다는 것도 알 수 있다.

이자율이 적어지면 횟수가 늘고 이자율이 커지면 횟수가 줄어들어서 균형을 이루니까.

즉 이 '균형 잡힌 증가율'은 그 자체로서 균형을 이룬다.

자연적으로 균형을 이룬다고나 할까.

간단히 말해서 '자연적인 증가율'!

이것이 e에 대한 느낌이다.

정리하자면, 무리수 π가 지름과 원의 둘레의 비율로서, 그 원의 크기와 상관없이 정해지는 값이듯이,

무리수 e는

증가하려는 힘과 억제하려는 힘의 비율에 따라 정해지는, 자연적인 증가율의 크기이다.

: 특별한 함수 :

e가 자연적인 증가율이라는 말의 의미는, 함수 $y=e^x$의 특징에서 잘 드러난다.

$y=e^x$이라는 함수의 가장 중요한 특징은 이 함수를 미분한 도함수도 $y'=e^x$이라는 것이다.

무슨 말인가?

$y=x^2$을 미분한 도함수 $y'=2x$이다. 또 $y=\sin x$를 미분한 도함수 $y'=\cos x$이다.

이렇게 어떤 함수를 미분하면 그 도함수는 원래 함수와 다르다.

하지만 원래 함수 y와, 그 도함수 y'이 같게 되는 경우가 단 하나의 함수에서 발생한다.

바로 $y=e^x$이라는 함수이다.

이건 이공계 수학에서 자주 나오고 강조되기 때문에 기억하기도 쉽다.

이것이 무엇을 의미할까?

도함수가 원래 함수와 같다는 말의 뜻을 그대로 풀어보면?

어떤 변화(함수)가 있는데 그 변화가 순간순간 이루어지는 정도(도함수)가 그 변화 자체와 같다는 말이다.

좀 문학적으로 말을 비틀어보면,

변화 자체 속에 그 변화가 있다는 말이고,

다른 것에 의존하지 않는 변화라는 말이며,

곧 변화 그 자체의 본질이라는 말이다.

변화의 본질이기 때문에 자연적인 증가율이라 할 수 있다.

이 책이 수학에 관한 책이므로 다시 강조하겠다. 이런 설명은 e에 대한 느낌을 잡기 위한 것일 뿐 정확한 수학적 의미는 아니다.

수학적 의미는 단순하고 명확하다.

그것은 $y=e^x$의 도함수 y'도 e^x이라는 것뿐이다.

그 밖의 모든 설명은 이것을 느낌(혹은 감정)으로 받아들이기 위한 보조수단일 뿐이다.

어쨌든 이런 생각이 그럴듯한 것이,

e가 자연적인 증가율이고 이것이 반복되는 것이 e^x이므로(그렇지 않은가?) 당연하게도 이 함수가 자연현상을 나타내는 데에 적합하다.

로그에서도 e를 밑으로 취하는 자연로그가 이공계에서는 자주 쓰인다.

여기서 e^x에서 e가 밑이고, 정확히 같은 의미로 자연로그 $\log_e x$에서도 e는 밑수에 위치한다는 점을 기억하자.

대학에 가면 $\log_e x$를 줄여서 $\ln x$라고 쓴다.

워낙 많이 쓰기 때문에 더 짧게 줄여 쓰는 것이다.

이렇게 해서 로그함수도 이항연산에서 1항 함수로 바뀌게 된다.

6

삼각함수

: 왜 직각삼각형일까? :

삼각함수를 공부하게 되면 우리는 처음부터 끝까지 직각삼각형을 다룬다.

중학교 때부터 배우기 시작하는 다음과 같은 삼각비의 정의는 직각삼각형에서 시작하고 거기서 끝난다.

$$\sin\theta = \frac{b}{a}$$

$$\cos\theta = \frac{c}{a}$$

$$\tan\theta = \frac{b}{c}$$

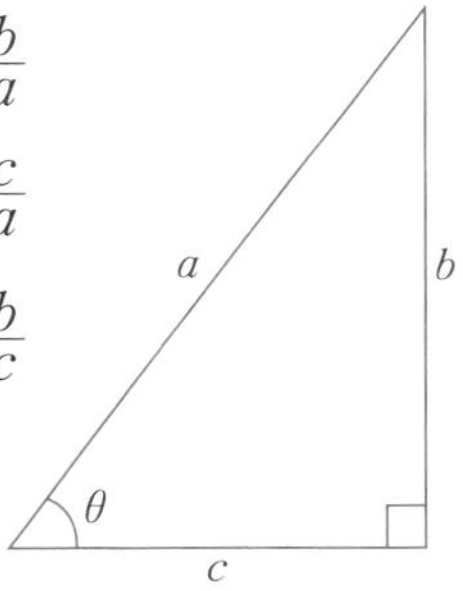

a b θ c

그런데 생각해보자. 왜 하필 직각삼각형일까?

왜 정삼각형이나 이등변삼각형이 아닐까?

답은, 직각삼각형이 가장 단순한 다각형이기 때문이다.

직각삼각형은 다각형 분야에서 원자와 같다. 원자들이 결합되어서 모든 물질이 되듯이, 직각삼각형들을 결합해서 모든 다각형을 만들 수 있다.

예를 들어서, 이렇게 말이다.

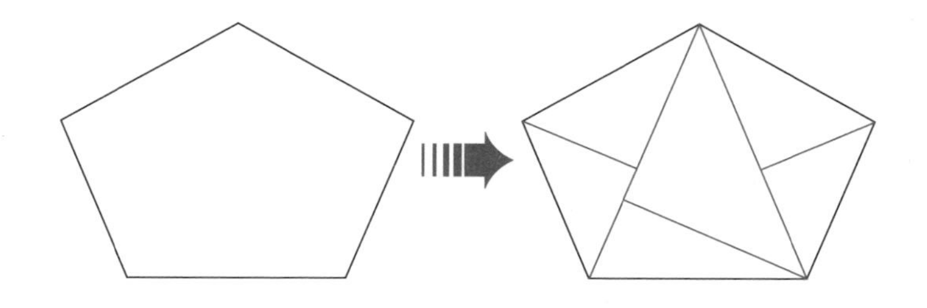

직각삼각형이 필요한 이유는 둘이다. ① 단순해야 하고, ② 여러 모양들을 만들 수 있어야 한다.

단순한 도형을 생각해보자.

왜 단순한 도형을 가지고 출발할까? 복잡한 계산을 쉽게 하기 위해서이다. 복잡한 것은 어렵고 힘들기 마련이라, 이것을 쉽고 단순한 것들을 반복해서 해결하려는 것이다.

직각삼각형이 이런 목적에 제일 알맞다.

가장 단순한 삼각형은 아마도 정삼각형이 아닐까?

세 변의 길이가 항상 같다. 세 각도 같다.

단순하다는 점에서는 좋다.

그런데 문제는 '너무' 단순하다는 것이다. 이것만으로는 여러 모양을 만들 수는 없다.

세상의 여러 도형들을 정삼각형으로 나누어서 생각하는 것은 사실상 불가능하다.

이등변삼각형은 어떨까?

정삼각형보다는 훨씬 낫다. 더 많은 다각형들을 만들 수 있으니까.

그런데 이등변삼각형을 반으로 나누면 똑같은 직각삼각형이 나온다. 직각삼각형이 이등변삼각형보다 더 단순하다는 말이다.

게다가 이등변삼각형이 아닌 다른 삼각형도 두 개의 직각삼각형으로 나눌 수 있다.

그리고 조금만 생각해보면, 모든 삼각형이 그렇다는 것을 알 수 있다.

하지만 직각삼각형도 다른 도형으로 나눌 수 있지 않을까? 그렇다.

직각삼각형을 다른 삼각형으로 자를 수도 있지만, 직각삼각형을 직각삼각형으로 자를 수도 있다.

그리고 다른 삼각형은 다시 직각삼각형으로 자를 수 있다.

결국 직각삼각형도 직각삼각형들의 결합으로 생각할 수 있다.

제자리다.

직각삼각형보다 더 단순한 다각형이 없는 것이다.

: 삼각비를 외우는 방법 :

삼각비를 외울 때 학생들은 사인과 코사인, 탄젠트를 같이 외운다.

그것을 외우는 실용적인 방법 중 하나는 S, C, T의 영어 필기체를 가지고 외우는 것이다.

이 방법도 나쁘지는 않다.

그런데 이공계 과학을 전공할 학생이라서, 수학을 오래, 그리고 효율적으로 공부할 생각이라면 단 하나만 외우는 것이 좋다. 코사인이다.

코사인을 외울 때 다음의 간단한 그림을 기억하자.

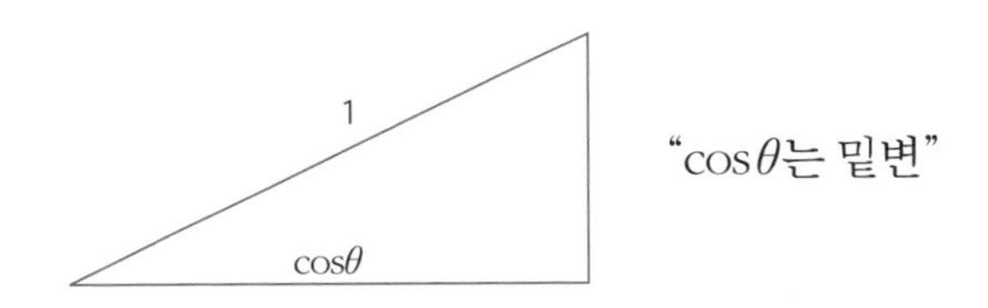

여기서 $\cos\theta$가 삼각형의 밑변이라는 것만 기억하면 된다.

정확히 말하자면 코사인이 빗변과 밑변의 길이 비율이다. 하지만 이렇게 복잡하게 생각하지 말자.

그림에서 보듯이 그냥 빗변을 1로 놓고 코사인 값은 밑변의 '길이'라고 생각하면 된다.

사인은 직각삼각형의 높이다.

여기서, 코사인 값과 사인 값이 무슨 복잡한 단위가 아니라 그냥 '길이'(의 비율)라는 점을 명확히 인식하자.

(이 생각은 나중에 삼각함수를 간단하고 쉽게 사용하기 위해서 중요하다. : $\cos\theta$는 (밑변의) '길이'다.)

실제로 공부해보면, 코사인만 잘 외웠을 때 사인이 어느 값인지 금방 알 수 있다. 헷갈리지 않는다.

주로 사인을 먼저 외우는 경우가 많은데, 코사인을 외우는 것이 더 낫다. 나중에 이공계 수학을 많이 공부해보면 코사인을 더 많이 사용하기 때문이다.

삼각함수에는 코사인 제1법칙, 코사인 제2법칙이 있다.

사인법칙도 있긴 하다. 그런데 사인법칙보다는 코사인법칙이 더 자주 쓰인다.

벡터의 내적에서도 코사인을 쓴다.

어쨌든 중요한 요령은, 코사인($\cos\theta$)과 사인($\sin\theta$)을 한꺼번에 기억하지 말고 하나만 외워야 한다는 것이다.

이런 공부 방법이 왜 편리한지, 예를 들어 생각해보자.

복소수의 극형식이 한 예이다.

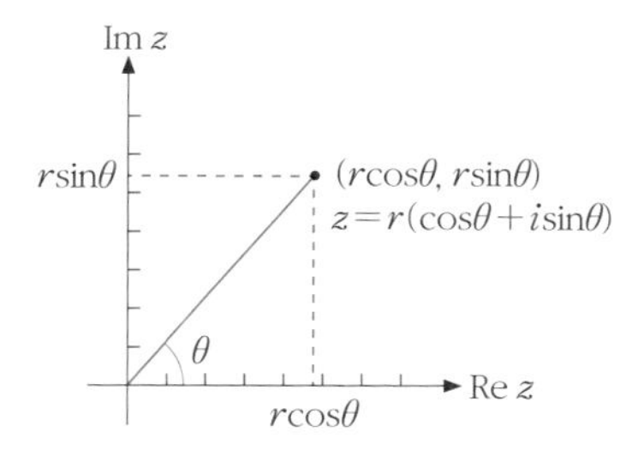

복소수의 극형식은 (x, y)로 표시되는 점 z를 (r, θ)로 표시하는 것

이다.

여기서 r은 반지름, θ는 위 그림에서 보는 각도를 나타낸다. 이 좌표평면의 세로축은 허수 i를 나타낸다.

이때 점 z는 위에서 보듯이 $z=r(\cos\theta+i\sin\theta)$로 표시된다.

뭔가 어려운 것 같지 않은가?

만약 삼각비를 편법으로 외웠다면? 생각이 복잡해지고, 이 내용을 새롭게 이해해야 한다.

그런데 내가 권하는 방식대로 삼각비를 외운다면?

밑변의 길이가 코사인이라는 것을 기억할 것이다.

나머지, 높이는? 사인이다.

즉 빗변이 1일 때 $x=\cos\theta$($\cos\theta$는 밑변)이고 $y=\sin\theta$($\sin\theta$는 높이)이다.

그러면 빗변이 2일 때는?

1일 때 밑변인 $\cos\theta$의 2배, 즉 $2\cos\theta$가 될 것이다.

3일 때는 3배가 될 것이고, 일반적으로 r일 때는 $x=r\cos\theta$이고 $y=r\sin\theta$가 된다.

따라서 $z=r(\cos\theta+i\sin\theta)$.

강조하건대 $r(\cos\theta+i\sin\theta)$에서 $\cos\theta$가 밑변이고 $\sin\theta$가 높이라고 생각해야 간단하게 보인다.

수학의 모든 내용은 생각하는 방식만 바꾸면 많은 것이 쉽게 보일 수 있다.

: 삼각비의 핵심은 단 하나 :

삼각함수의 기초 개념이 삼각비다.

삼각비는 직각삼각형의 일면을 기호로 쓴 것이다.

그런데 '직각삼각형'이라고 하면 항상 생각해야 하는 공식이 하나 있으니 바로 피타고라스의 정리다.

그리고 사실상 삼각비(와 삼각함수)의 모든 것은 피타고라스 정리의 변형일 뿐이라고 보면 된다.

이것을 좀더 현실적으로 알아보기 위해서 중학교 3학년 과정의 응용문제를 한번 보자.

문제

그림과 같이 100m 떨어진 두 지점 B, C에서 산꼭대기 A 지점을 올려다본 각의 크기가 각각 30°, 45°일 때, 산의 높이 $\overline{AH}$를 구하여라.

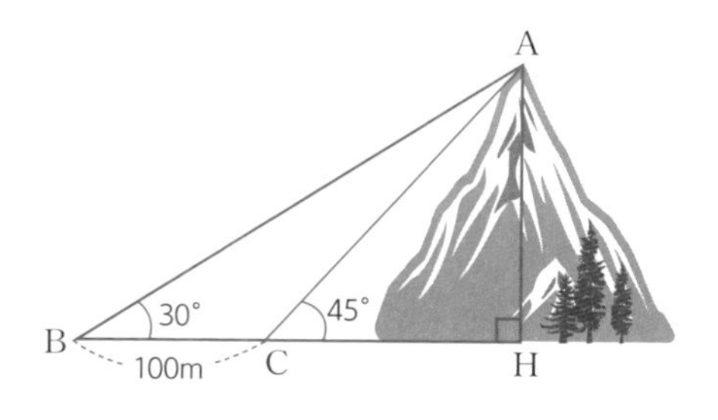

풀이

$\overline{AH}=h$m라 하면,

△ABH, △ACH에서

∠BAH=60°, ∠CAH=45°

이므로 $\overline{BH}=h\times\tan60°$(m), $\overline{CH}=h\times\tan45°$(m)이다.

그런데 $\overline{BC}=\overline{BH}-\overline{CH}=100$(m)이므로

$h(\tan60°-\tan45°)=100$,

$h(\sqrt{3}-1)=100$,

$$h=\frac{100}{\sqrt{3}-1}$$
$$=\frac{100(\sqrt{3}+1)}{2}$$
$=50(\sqrt{3}+1)$이다.

따라서 산의 높이는 $50(\sqrt{3}+1)$m이다.

문제의 풀이 과정이 굉장히 어려울 것이다.

현실적으로 말해, 웬만큼 공부 잘하는 중학교 3학년생이라도 위 풀이대로 정확히 답을 써내는 것은 어려울 것이다.

실제로 이 문제를 풀 때 위 풀이의 내용을 곧바로 머리에서 꺼내려 하면 안 된다.

머릿속에서 답을 찾아가는 생각 과정은 그냥 피타고라스 정리를 반복해서 적용하고 비례로 값을 계산하는 것이다.

먼저 바깥의 큰 삼각형, 각이 30도인 직각삼각형을 생각하자.

여기에 피타고라스 정리로 밑변과 높이의 길이를 비율로 나타내면 이렇다.

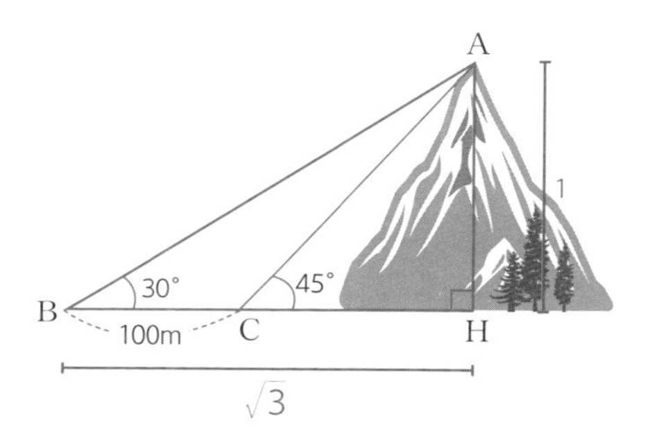

그다음에 45도 직각삼각형을 생각하고 밑변과 높이 비율(1:1)을 나타내면 이렇다.

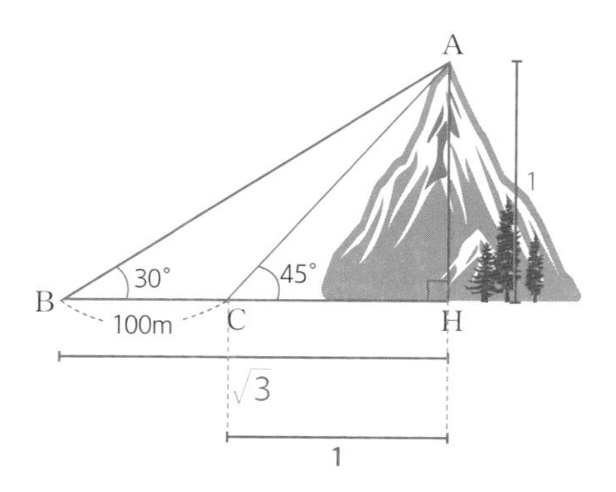

그러면 여기서 100m에 해당하는 거리는 $\sqrt{3}-1$이 될 것이다.

그러니까 다음과 같은 비례가 성립한다.

$$\sqrt{3}-1 : 100 = 1 : \text{높이}(h)$$

따라서 $h(\sqrt{3}-1)=100$이 성립하고 곧 $h=\frac{100}{\sqrt{3}-1}$이 된다.

이것을 계산하면 위의 풀이 맨 마지막 줄에 나타나는 값, $50(\sqrt{3}+1)$m가 나온다.

여기서 우리는 다음과 같은 삼각비의 값을 알아야 한다.

30°, 45°, 60°의 삼각비

삼각비 \ A	30°	45°	60°
$\sin A$	$\frac{1}{2}$	$\frac{1}{\sqrt{2}}$	$\frac{\sqrt{3}}{2}$
$\cos A$	$\frac{\sqrt{3}}{2}$	$\frac{1}{\sqrt{2}}$	$\frac{1}{2}$
$\tan A$	$\frac{1}{\sqrt{3}}$	1	$\sqrt{3}$

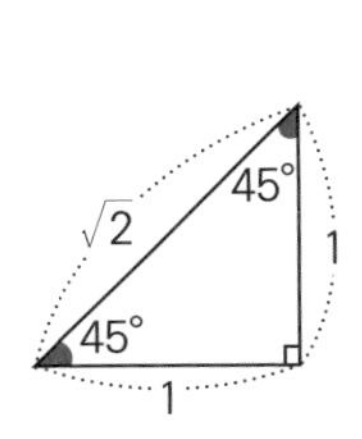

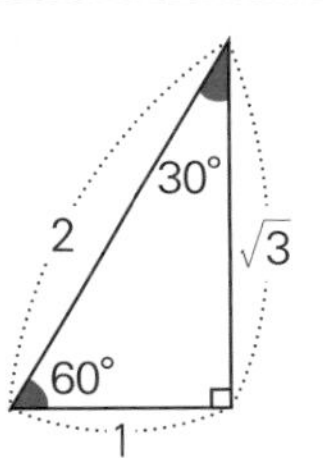

이 값들을 외워야 하지 않을까?

내가 볼 때 이런 값은 외우지 말고, 조금 귀찮더라도 피타고라스 정리를 이용해서 매번 계산하는 것이 낫다.

왜냐? 어차피 외워도 아리송해서, 피타고라스 정리로 검산해야 하는 경우가 많기 때문이다.

꼭지각 45도 삼각형 하나 그리고 꼭지각 60도 삼각형 하나만 (모두

2개) 그리면 끝난다.

위 그림에서 45도 삼각형의 빗변이 $\sqrt{2}$라는 것은 피타고라스 정리에 따라 쉽게 이해된다.

꼭지각이 60도인 삼각형에서는 어느 변이 2이고 어느 변이 $\sqrt{3}$인지 헷갈리는 경우가 있는데, 그럴 때는 정삼각형을 하나 그리고 그것을 세로로 반 자르면 헷갈리지 않는다.

(몇 번 계산하다 보면 대부분 외워진다.)

내가 말하려는 것은?

방금 문제를 풀면서 우리는 사인과 코사인, 탄젠트를 하나도 쓰지 않았다. 그저 도형을 그리고 비율만 생각했다.

삼각형의 비율을 생각했기 때문에 삼각비의 문제를 푼 것이다.

삼각비의 값을 알기 위해서는 피타고라스 정리만 반복해서 쓰면 된다.

교과서에 나오는 풀이는 이런 생각을, '사람'이 아닌 '컴퓨터'가 알아듣기 좋도록 써놓은 거라고 할 수 있다.

혹은 그림으로 생각한 것을, 그림 없이 정확히 설명하기 위해서 탄젠트 기호를 썼다고도 할 수 있다.

(결론적으로, 교과서의 풀이 내용을 그대로 외우듯이 문제를 풀지 말라.)

이렇게 삼각비 안에는 그저 반복되는 피타고라스 정리만이 존재할 뿐이다.

: 파이(π)는 왜 갑자기 180도일까? :

파이를 알 것이다. 원주율 말이다.

그 값이 3.141592…로 이어지는 무리수라는 것도 이미 잘 알고 있을 것이다.

그런데 삼각함수를 공부하다 보면 여러분의 머릿속에는 어느새 파이(π)가 180도가 되어 있다.

왜 그럴까?

원래 파이는 3.141592…라는 무리수인데, 이게 언제부터 180도라는 각도가 되었을까?

그리고 왜 파이가 180도로 변했을까?

수학은 논리적인 학문이고, 이를 위해 항상 정확한 용어를 사용한다. 따라서 같은 용어나 기호를 여러 뜻으로 사용하는 일은 결코 없다.

그러면 왜 파이에는 두 가지 뜻이 있는가?

사실 이에 대한 답은 모든 수학 교과서와 수학 참고서에 다 들어 있다. 다만, 거의 모든 사람들이 이것을 보고는 그냥 읽고 넘어갈 뿐이다.

기억하지 못하는 것이다.

답은 이렇다.

정확히 말해 파이(π)는 180도가 아니다.

$\pi=180$도라고 할 때, 사실은 $\pi \times \mathrm{rad}=180$도를 의미한다.

라디안(rad)은 무엇인가?

호도법에서 나오는데, 1라디안은 반지름과 호의 길이가 같을 때 중심각의 크기를 말한다.

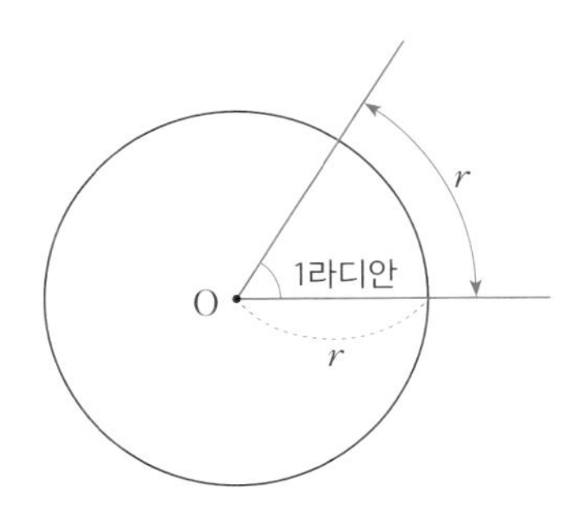

대략 1rad=57.2958⋯도이다. (무리수이다.)

60도가 약간 안 되는 1라디안과, 3을 조금 넘는 파이(π)를 곱하면 180도가 나올 것 같다.

(수학은 그럴듯한 것을 아주 정확히 말할 뿐이다. 따라서 수학에서 옳은 것은 대충 짐작하면 다 될 듯하게 보일 수밖에 없다.)

이제 갑자기 왜, 파이가 180도가 되는지를 알았다.

그럼 호도법은 무엇인가?

수학 교과서에 나온 것을 그대로 기억하면 된다. 물론 많은 학생들이 이런 것을 외우지는 않지만 말이다.

호도법은 호의 길이로 각도를 대신 나타내는 표시법이다.

호의 길이에서 '호' 자를 가져오고, 각도에서 '도' 자를 가져온 용어다. 호+도=호도(법).

여러분도 자주 본 적 있는 위의 그림이 호도법을 설명하는 그림이다.

호도법의 핵심은 "각도를 원의 호의 길이로 나타낸다"는 것이다.

어차피 각도란 동그랗게 그려지게 되어 있다. 원의 일부란 말이다. 그러니까 그에 해당하는 호는 항상 있게 된다.

라디안(rad)은 호도법의 기본 단위다.

즉 원의 반지름과 같은 길이의 호의 길이를 생각하는 것이다. 그리고 이 호의 길이는 일정한 각도를 결정한다.

반지름의 길이가 길든 짧든 항상 그렇다.

그 각도는, 앞에서 말했듯이 대략 57.2958도 정도로 60도가 좀 안 된다.

이때 호(r)가 직선이 되면 반지름 길이와 같아지고 정삼각형이 되어서 중심각은 정확히 60도가 될 것이다.

조금 굽어서 각이 살짝 작아졌다.

하지만 원의 크기에 따라서 호의 길이는 다를 것 아닌가?

그렇다. 원의 반지름이 커지면 그 호는 길 것이고 반지름이 작아지면 호의 길이는 짧을 것이다.

하지만 삼각비처럼 반지름에 대한 호의 길이의 비는 일정하다.

다음 그림을 보면 그 이유를 한눈에 알 수 있을 것이다.

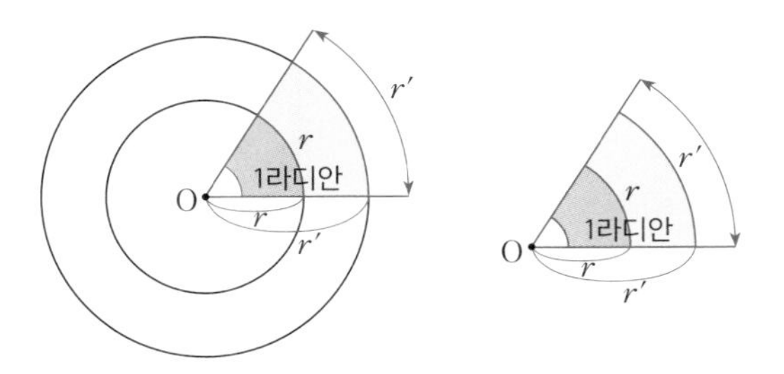

이 그림에서 반지름 r인 작은 원과 r'인 큰 원이 있는데, 이 반지름의 길이가 어떻게 변하든 부채꼴은 닮게 된다.

중심각의 크기도 일정하게 된다.

그래서 반지름의 길이를 $r=1$로 고정하고 그 각을 라디안이라 부른다. 이것이 가장 편리하니까.

다른 각은 이 각과 크기를 비교한다. 그 크기를 곧 부채꼴의 호의 길이가 반지름의 몇 배인가로 나타낸다.

: 왜 호도법을 쓰는가? :

직각을 90도라고 생각하던 육십분법에서 호도법으로 넘어왔다.

그런데 이것이 상당히 귀찮고 혼란스럽다.

왜 호도법을 굳이 쓸까?

그래야 삼각비 내지 삼각함수와 관련된 수학 계산 전체를 매우 간단하고 편리하게 할 수 있기 때문이다.

어떤 점에서 편리한가?

첫째, 단위가 필요 없다.

라디안이라는 단위를 말하기는 했지만, 이 말 자체도 지워도 된다. 생각해보자.

다음 대화를 비교해보자.

"이 각의 크기가 얼마야?"

"(호의 길이가 반지름의) 2배야."

답은 단위 없이 '2'가 된다.

그런데 육십분법으로 나타내면?

"이 각의 크기가 얼마야?"

"20도야."

대답에서 '20'이라는 숫자 뒤에 '도'라는 단위가 붙었다. 이것을 떼어낼 수 없다.

직각을 나타낼 때 호도법의 답은 '$\frac{1}{2}\pi$'이다. 하지만 육십분법의 답은 '90도'라는 '숫자와 (×) 단위'다.

라디안은 단위가 아닌가? 1라디안은 반지름의 길이와 같은 호의 길이다. 정확히 1이라는 비율일 뿐이다. 따라서 단위가 없다.

그것이 '57.2958도' 정도 된다는 것은 설명일 뿐이다.

2배, 3배에서의 '배'는 비율이고 이것은 단위 없는 값이다.

둘째, 삼각함수의 그래프에서 x축과 y축의 단위가 일치한다.

육십분법을 쓴다고 해보자.

그러면 x축에는 45도, 90도, … 이렇게 값들이 배치될 것이다. 물론 y축에는 그냥 길이(단위가 없는 비율)가 나타날 것이다.

x축과 y축의 값의 단위가 다르다는 말이다.

그러면 다음 중 어느 그래프가 정확한 것일까?

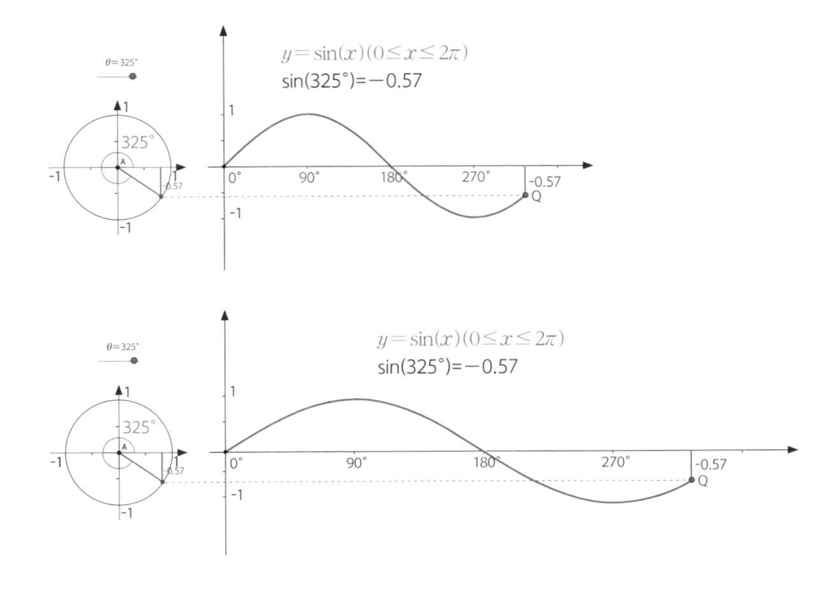

두 그래프는 모든 점에서 동일하고, 다만 밑의 그래프가 가로로 더 늘어져 있다는 점만 다르다.

어느 것이 옳을까? 여기에 대한 답이 없다. 왜냐하면 x축과 y축의 단위가 다르기 때문이다.

이 정도는 생각하기 나름일 뿐으로 끝날 것 같지만 그렇지 않다.

그래프의 각 지점에서 순간기울기를 생각한다면 문제가 달라진다.

예를 들어서 180도 지점에서 사인함수의 그래프는 기울기가 얼마일까?

간단히 그림만 보고 정할 수가 없다.

호도법을 쓰면 이런 문제가 사라진다.

x축과 y축이 모두 길이(의 비율)이므로 단위가 같고, 그래서 비율도 같기 때문이다.

: 호도법을 사용한 부채꼴 공식 기억법 :

부채꼴의 넓이와 호의 길이 공식은 다음과 같다.

넓이: $S = \frac{1}{2}rl$

호의 길이: $l = r\theta$

부채꼴의 넓이를 계산하는 공식 $S = \frac{1}{2}rl$은 쓸 일이 많다.

이 공식을 외울 때 많은 학생들이 삼각형과 비유해서 외운다. 높이를 r, 밑변을 l이라고 생각하는 것이다. 나쁘지는 않다.

하지만 이것은 비유일 뿐이다. 그래서 시간이 흐르고 나서 생각하면 때때로 헷갈린다.

약간의 계산이 필요하긴 하지만, 이렇게 헷갈릴 때 다시 공식을 기억하거나 그 공식이 맞는지 확인하는 방법이 있다.

부채꼴의 면적이 원의 면적의 얼마를 차지하느냐를 생각하는 것이다.

부채꼴이라면 원의 일부다. 그리고 얼마나 비중을 차지하느냐는 각도에 달린 문제다.

그러므로 원의 면적($2\pi r$)을 생각하고 전체 각도($2\pi r$=360도) 분의 부채꼴의 중심각(θ)을 생각하는 것이다. 다음과 같다.

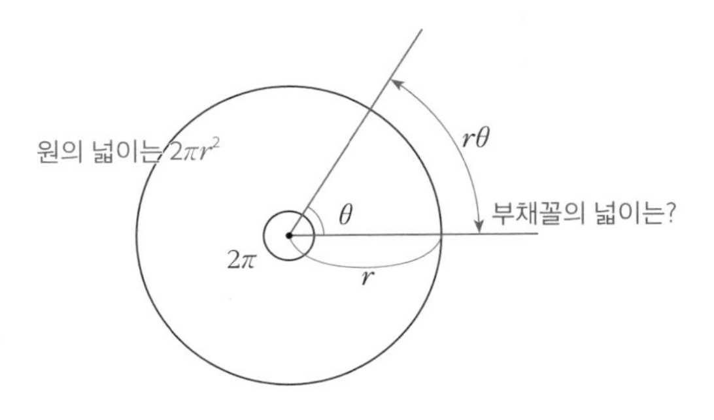

$$(\text{부채꼴의 넓이})\ S = (\text{원의 넓이})\ \pi r^2 \times \frac{\theta\,(=\text{각도})}{2\pi\,(=360\text{도})}$$

$$= \pi r^2 \times \frac{\theta}{2\pi} = \frac{1}{2} r^2 \theta$$

이 정도를 생각하면 된다.

그리고 부채꼴의 호의 길이는 $l = r\theta$인데, 이것은 호도법의 의미를 떠올리면 너무 당연한 이야기다.

중심각이 θ인 부채꼴의 호의 길이?

각의 크기가 곧 호의 길이였다. 이것이 호도법이다. 그래서 각의 단위도 그냥 길이였지 않은가.

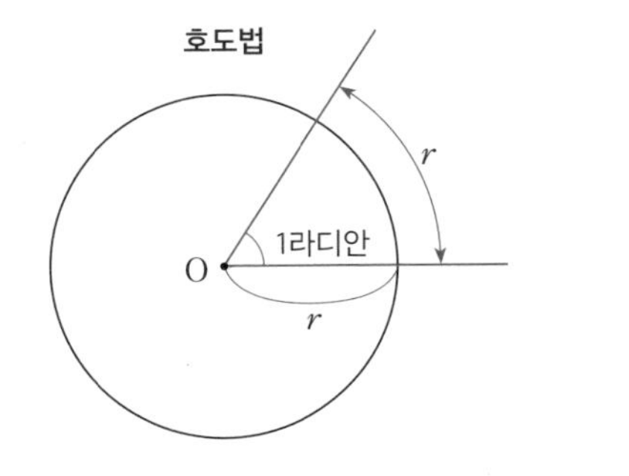

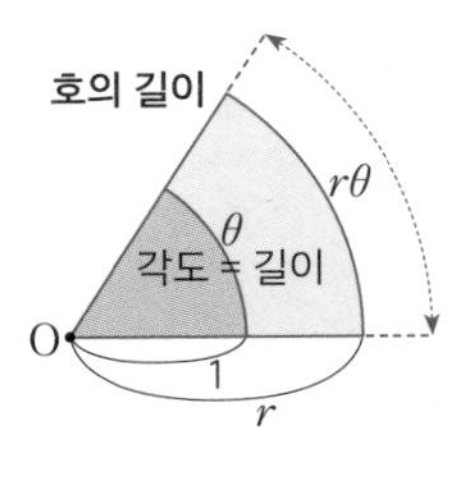

자 다시! 호도법의 정의에 따라, 각 θ가 호의 길이다. 단, 반지름이 1일 때의 호의 길이.

그러면 반지름이 r일 때의 호의 길이는? $l=r\theta$이다.

이제 필요에 따라서,

부채꼴의 넓이 $S=\frac{1}{2}r^2\theta$에, 호의 길이 $l=r\theta$를 넣으면?

부채꼴의 넓이 공식 $S=\frac{1}{2}r^2\theta=\frac{1}{2}r\times r\theta$이므로, $r\theta$에 l을 넣어서 $S=\frac{1}{2}rl$이 나온다.

전체적인 내용을 음미하자면,

그냥 그러기로 한 내용(정의)을 반복하는 것일 뿐이다.

: 삼각함수의 그래프 안에 삼각형은 어디에 있나? :

삼각함수의 그래프 안에 삼각형은 어디에 있나?

이 질문은 어쩌면 쓸데없는 생각일 수도 있다.

'삼각함수'에 '삼각형'은 없는 것이 당연할지 모른다.

하지만 그렇다면 왜 '삼각함수'라고 했을까? 궁금하지 않은가?

그리고 삼각비에서부터 시작되는 삼각함수는 분명히 삼각형과 관련이 있다.

답은?

삼각함수의 그래프를 뜯어보면 삼각형의 일부가 거기에 흩어져 놓여 있음을 알 수 있다.

이런 식은 아니다.

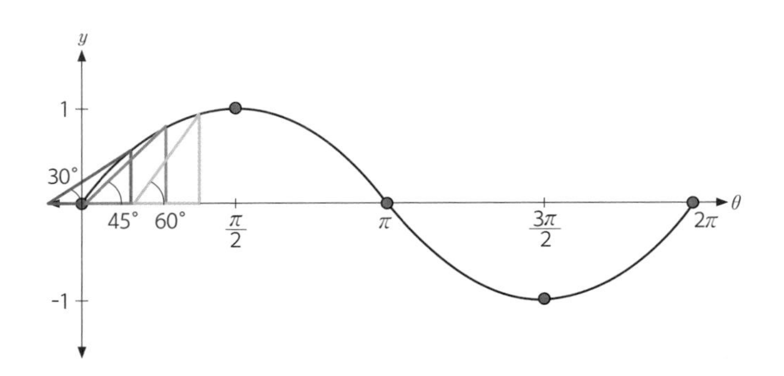

이런 식이다.

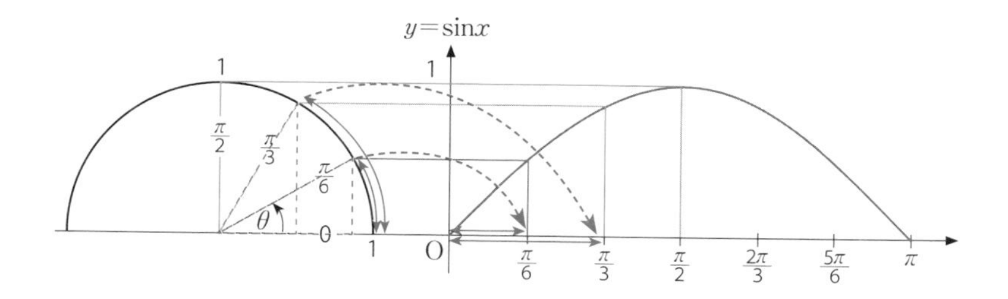

여기서 알 수 있듯이, 삼각함수의 그래프에는 삼각형이 있는 것이 아니라 부채꼴이 들어 있다.

부채꼴의 호가 x축의 길이가 되고 높이가 사인함수 그래프의 y값이 된다.

우리가 아는 그대로이다.

왜 그런가? 다음 내용에서 그걸 설명한다.

미리 말하면 핵심은 간단하다. 삼각함수는 원운동 함수라는 것이다.

: 삼각함수는 무엇을 위한 것인가 :

삼각함수의 그래프에서 보이는 것이 있다. — 삼각함수는 삼각형을 위한 것이 아니다!

그러면 무엇을 위한 것인가?

삼각함수는 원운동 분석을 위한 것이다.

그럼 삼각형은 무슨 관계인가? 그것은 계산의 도구일 뿐이다.

(직각)삼각형을 계산 도구로 사용해서 원운동을 분석하는 것이 삼각함수인 것이다.

원의 방정식을 구성할 때도 그러했다.

원의 반지름을 계산할 때 피타고라스 정리를 쓰고 이것은 곧 (직각)삼각형을 사용하는 것이다.

삼각함수가 원운동 분석을 위한 것이기 때문에, 고교 수학에서부터 '일반각'에 대한 정의가 나온다.

직각삼각형으로 0도부터 90도까지 생각하던 것을, 이렇게 좌표평면 위에서 계속 회전시켜 360도까지 확장하고,

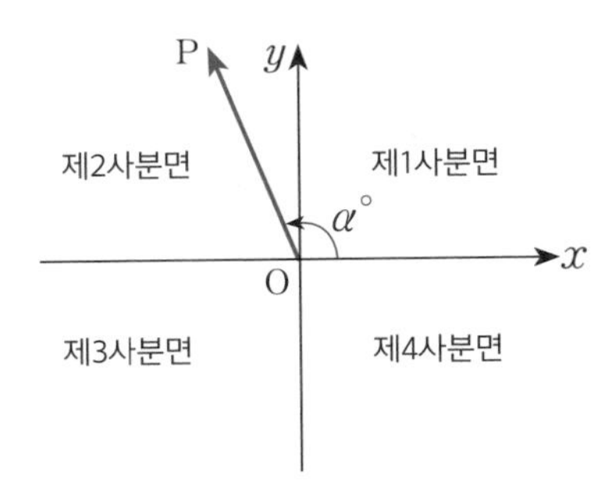

이것으로도 모자라 한 바퀴, 두 바퀴, … n 바퀴로 확장한다. 이렇게!

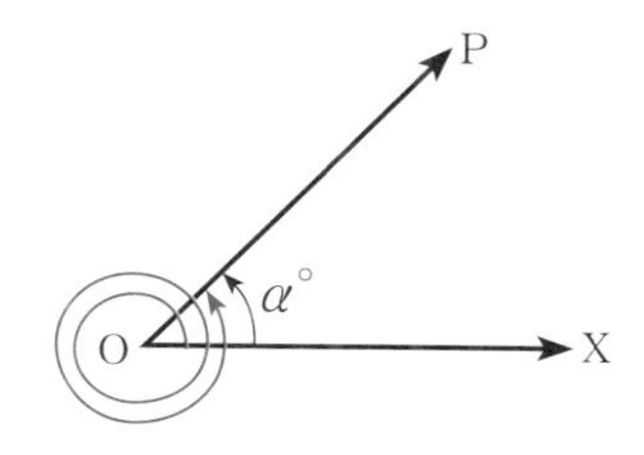

계산식으로는 $2n\pi+\theta$로 표시한다.

일단 이 내용이 당장 어렵지는 않기 때문에 감내하면서 공부하기는 한다.

하지만 마음속으로는 '대체 왜 이렇게까지 하는 거지?'라고 생각하며 짜증을 느끼기 마련이다.

이런 일반각의 정의가 사실은 원운동을 위해 필요한 것이었다.

어떤 것이 원운동을 한다면 360도를 돌 것이고, 곧 여러 바퀴 이상 돌 것이다.

삼각함수에서 그것을 계산할 수 있도록 따라가야 한다. 일반각이 그 발판이다.

그러니까 고교 수학부터 본격적으로 나오는 삼각함수의 일반각은 그 필요성을 먼저 이해하고 봐야 한다.

다음의 두 경우를 보자.

파깨비: "태양 주위를 빙빙 도는 지구의 움직임을 나타내려면 어떤 함수를 써야 할까?"

오깨비: "피라미드의 높이나 한강의 폭을 계산하려면 어떤 함수를 써야 할까?"

삼각함수에서 일반각을 배울 때 오깨비는 불편함을 느끼겠지만 파깨비는 '그래, 이거야!'라고 생각할 것이다.

우리가 어차피 삼각함수의 일반각을 배워야 한다면 파깨비처럼 생각하자.

그다음, 원운동을 분석하는 삼각함수는 주기성을 가진 운동을 분석하는 데에도 사용된다.

원운동이 주기성을 가진 운동이다.

원운동과 주기성은 다음과 같은 한 단계 추상화의 관계에 있다.

구분	사칙연산(대수학)	삼각함수
사례	사과 2개에 사과 3개를 더하면 사과 5개.	원운동
추상화	2+3=5	주기성

사과 개수를 세는 것에서 '사과'라는 것을 걷어내고 생각하는 것이 추상화이다.

마찬가지로 원운동에서 운동의 동그란 모양을 걷어내고 생각한다.

그럼 무엇이 남는가?

개수 계산에서 2+3=5가 남듯이, 무언가가 일정하게 반복되는 특성이 남는다.

일정하게 반복되는 특성, 그것이 '주기성'이다.

나중에 파도의 움직임, 흔들리는 추의 움직임 등에서 삼각함수를 보게 될 것이다.

7

수열과 극한

: 수열의 의미 :

고등학교 수학에서 수열이 나타나면, 약간 생뚱맞게 느껴진다.

"이런 것도 수학인가?"

수학은 숫자를 계산하는 것이 아닌가. 왜 늘어놓는 거지?

역시 이것도 이해하기에는 그다지 어렵지 않다. 계산하려고 늘어놓는 거겠지.

그러니 큰 불만은 없다. 그래도 의문은 여전히 남는다.

간단히 설명해보자.

첫째, 수열은 계산 문제를 단순하게 생각하는 도구이다.

수학은 생각하는 법에 대한 학문이라고 할 수 있다.

집합과 명제 같은 단원에서 이것을 특히 잘 알 수 있다. 그리고 수학에서 배우는 계산법도 사실은 모두 생각하는 법이다. 계산은 생각이니까.

처음 공부를 할 때는 복잡한 생각 내용을 이해하는 것이 어려워 보일 것이다.

하지만 어느 분야든 깊이를 더해가면 진정 '단순하게 생각하는 것'에서 어려움을 느끼게 된다.

복잡한 문제를 풀 때는 단순하게 생각하는 데서 해결책을 찾아야 한다. 복잡한 문제가 잘 안 풀릴 때, 복잡하게 생각하면 더욱 복잡하게 될 테니까.

숫자를 계산하지 않고 먼저 한 줄로 죽 늘어놓는 것이 바로 단순하게 생각하는 가장 좋은 방법이다.

숫자를 계산한다? 그렇다면 계산할 숫자들이 무엇인지 아는 것이 먼저 아니겠는가.

알기 위해서 무엇을 해야 할까? 죽 늘어놓아 봐야 한다.

이것이 수열이다.

수학이 생각하는 법에 대한 학문이므로 생각의 도구인 수열이 나타나는 것이다.

둘째, 수열은 숫자의 변화를 살펴보는 도구이기도 하다.

계산 작업을 할 때마다 값이 변한다고 해보자. 그 값이 끝내 어떻게 변할까 하는 것이 궁금해질 때가 있다.

그에 대한 해답을 어떻게 찾을까? 가장 간단한 방법을 쓴다.

값이 변하는 것을 하나하나 살펴보는 것이다.

어떻게? 숫자를 죽 늘어놓아서 살펴본다.

그것은 가장 강력한 생각의 방법이기도 하다.

이것이 수열이다.

값의 변화는 곧 함수이기도 하다.

그래서 수열은 때때로 함수로 표현되기도 한다.

이때 정의역에는 각 단계를 표시하는 것이 들어가야 할 것이다. 첫 번째 단계, 두 번째 단계, 세 번째 단계… 이런 식으로.

간단한 예로 1, 2, 3, …을 들 수 있다.

즉 수열은 정의역이 자연수인 함수가 될 수 있다.

: 등차수열의 합 :

수열에서 등장하는 기본 공식 중 하나를 보자.

등차수열의 합을 구하는 공식이다. 이 공식은 외워야 한다. 하지만 무작정 외우기보다는 잘 이해해서 외우면 영원히 기억할 수 있다.

이해를 쉽게 하기 위해 유명한 이야기 하나를 소개한다.

역사상 3대 수학 천재 중 한 명인 가우스가 10살 때, 그러니까 우리로 치면 초등학교 4학년일 때의 일화다.

담임 선생님이 잠깐 할 일이 생겨서 수업 시간에 학생들에게 과제를 내주었다.

"자, 여러분. 이제 여러분이 산수 계산을 연습해야 해요. 지금부터 1부터 100까지 더해서 얼마가 나오는지 계산하세요."

과제를 낸 선생님은 대략 30분 이상, 아마도 1시간 정도는 시간이 날 거라 예상하고 자신의 업무 처리를 하려 했다.

그런데 10초도 지나지 않아 한 소년이 손을 들고 말했다.

"선생님, 계산 다 했어요."

선생님은 그때 그 소년이 장난친다고 생각했을지도 모른다.

"그래 얼마니?"

"5050요."

정답이었다. 선생님이 물었다.

"어떻게 계산한 거니?"

10살 된 가우스가 하는 말.

"1과 100을 더하면 101이잖아요. 그리고 2와 99를 더해도 101, 그렇게 죽 다 더하면 101이 100개가 나와요. 그런데 이 계산에서 1부터 100까지를 두 번 더했으니까, 반으로 나눠야 해요. 즉 10100을 2로 나누면 5050이 나오죠."

놀랍지 않은가?

내가 이 이야기를 처음 들었을 때 받은 감동은 슈퍼히어로 영화에서 주인공이 초능력을 처음 발휘할 때와 맞먹었다!

가우스가 생각한 것을 그림으로 나타내보자.

1	2	3	…	98	99	100
+	+	+	+	+	+	+
100	99	98	…	3	2	1
101	101	101		101	101	101

100개

이 그림에서 보듯이 1부터 100까지의 수를 나열한 다음에 그것을 거꾸로 나열한 것을 더하면 101이 100개가 생긴다.

그런데 이 계산은 1부터 100까지를 한 번이 아니라 두 번 더한 것이다.

그러니까 전체를 반으로 나누어 100의 반인 50개만 더하면 되겠다.

따라서 $101 \times 50 = 5050$.

우리는 가우스의 아이디어를 1부터 100까지 더하는 데만 쓸 것이 아니라 비슷한 모든 경우에 쓸 수 있다.

30부터 200까지 더하는 데도 쓸 수 있고, 46부터 500까지 짝수들만 더하는 데에도 쓸 수 있다.

이런 모든 경우를 한꺼번에 생각하려면 다항식에서 공부했던 빈칸들을 도입하는 것이 좋다.

이것을 그림으로 나타내면 다음과 같다.

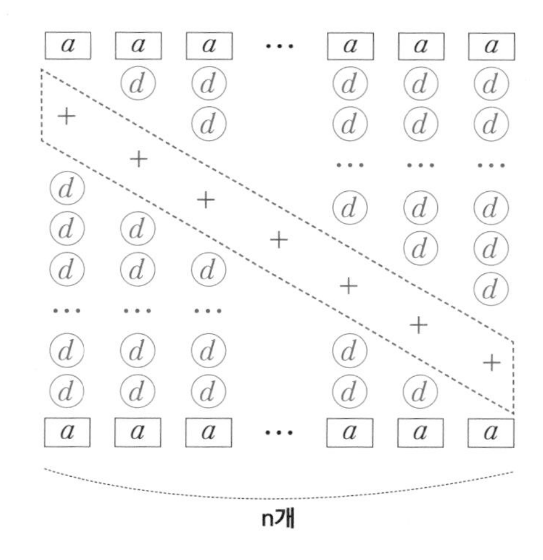

여기서 사각형 a는 초항이다. 수열의 첫 번째 항인 것이다.

동그라미 d는 공차이다. 각 값의 차이인 것이다.

그리고 전체 개수가 n개라고 하자.

그러면 윗줄의 맨 처음에 a가 있을 것이고, 맨 마지막에 $a+(n-1)d$가 있게 된다.

마치 1부터 100까지의 합에서 맨 처음에는 1이 있고, 맨 마지막에는 $1+(100-1)1$이 있게 되는 것처럼.

그리고 각 세로 줄마다 $a+(a+(n-1)d)=2a+(n-1)d$가 되고 이것이 두 줄이다.

하지만 실제로 구해야 하는 값은 한 줄만 구해야 하니까 $\frac{n}{2}$을 곱하는 것이다.

그래서 등차수열의 합의 공식이 나온다.

$$S_n=\frac{n\{2a+(n-1)d\}}{2}$$

이렇게 생각해보면 알쏭달쏭 외워야 하는 등차수열의 합의 공식이 당연한 식이 된다.

공식을 잊어버려도 앞의 그림을 생각하면서 조심스럽게 몇 번만 더 되풀이해보자. 그러면 공식을 금방 만들 수 있다.

아니, 공식 없이 계산할 수도 있다.

여기서 잠깐만 생각해보자.

이 공식을 보면 전체 값을 2로 나누게 되어 있다. 그러면 혹시나 어떤 경우에 분모가 홀수가 되어 전체 값이 정수로 떨어지지 않을 수도 있지 않을까?

만약 그런 일이 생긴다면 곤란해진다. 왜냐하면 어떤 정수들의 합이 분수로 나올 수는 없을 테니까 말이다. 그런데 공식을 잘 보면 왜 그 합이 분수가 될 수 없는지 알 수 있다.

이 공식의 분모에서 대괄호를 풀면 다음과 같다.

$$S_n = \frac{2na + n(n-1)d}{2}$$

여기서 분모 $2na + n(n-1)d$를 잘 보자.

더하기 앞에는 2가 곱해져 있다. 이것을 2로 나누면 나머지 없이 떨어진다.

그다음에 $n(n-1)d$를 보면 n과 $n-1$이 곱해져 있다. 이 둘 중의 하나는 반드시 짝수가 된다. 그러므로 2로 나누면 역시 떨어진다.

그러므로 등차수열의 합이 분수가 될 수는 없다.

: 등비수열의 합 :

이왕 말이 나왔으니 등비수열의 합의 공식도 알아보자.

등비수열의 합을 어떻게 구할 것인가를 고민할 때 제일 먼저 해볼 수 있는 생각이 있다.

등차수열의 합과 같은 방식으로 생각하는 것이다.

그림으로 표시하면 다음과 같다.

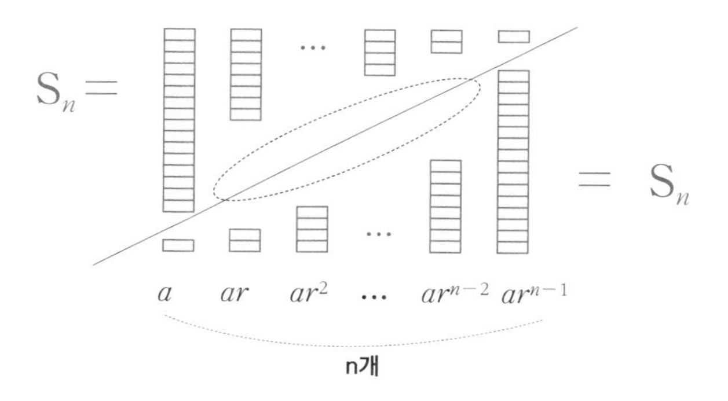

그림에서, 이렇게 하면 안 된다는 것이 역시 한눈에 보인다.

왜냐하면 등비수열의 중간 부분이 서로 맞아떨어지지 않아서 각각의 세로 줄의 합이 똑같은 값이 안 되기 때문이다.

(이 생각이 잘못된 접근이긴 하지만, 학생이 공부할 때는 이런 착상을 반드시 한번 해봐야 한다. 그래야 다음에 제대로 된 등비수열의 합의 공식을 이해하는 데 도움이 된다.)

실제로 등비수열의 합을 구할 때에는 매우 창의적인 생각이 필요하다.

등비수열의 합의 공식은 다음의 그림을 보면 쉽게 이해될 것이다.

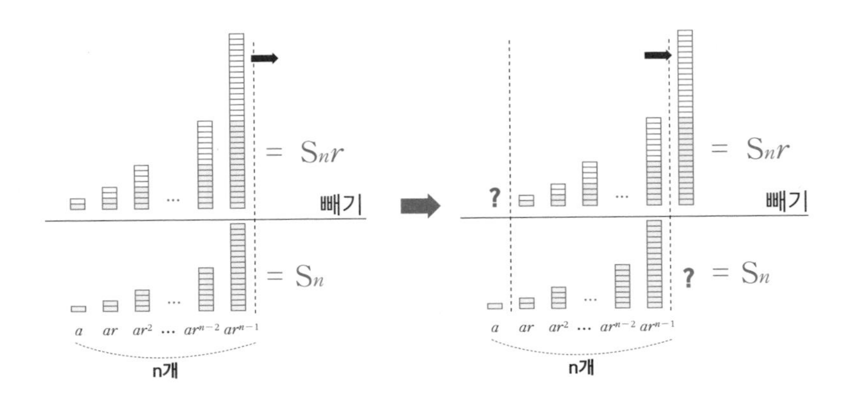

위 그림에서 중간에 있는 '빼기' 선을 중심으로 생각해보자.

그 밑에 있는 것이 등비수열이고, 그 합은 S_n이다.

이 전체 S_n에 공비 r을 곱하면 빼기 선의 위에 있는 것($=S_n r$)이 된다.

이것을 오른쪽으로 한 칸 밀면 대체로 다 일치하지만 위에는 맨 왼쪽의 첫 항이 비고 아래쪽에는 맨 오른쪽의 마지막 항이 빈다.

이 상태에서 윗부분에서 아랫부분을 빼면 다음과 같이 된다.

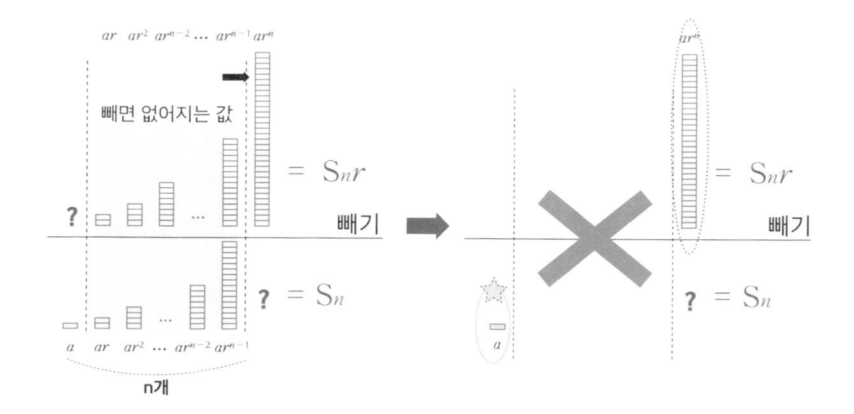

즉 S_nr-S_n의 값은 윗부분의 남은 것(ar^n)에서 아랫부분의 남은 것(a)을 뺀 값이 되는 것이다.

이것을 정리하면 이렇게 된다.

$$S_nr-S_n=ar^n-a$$

좌변에서 S_n을 묶고 우변을 a로 묶어내면 $S_n(r-1)=a(r^n-1)$이 된다.

다시 양쪽을 $r-1$로 나누면(즉, $r-1$을 우변으로 넘기면) 다음과 같은 등비수열의 합 공식이 나온다.

$$S_n=\frac{a(r^n-1)}{r-1}$$

지금까지 설명한 것을 정리하는 그림은 다음과 같다.

(많은 것을 기억할 수 없다면 이 그림 하나만 기억하자.)

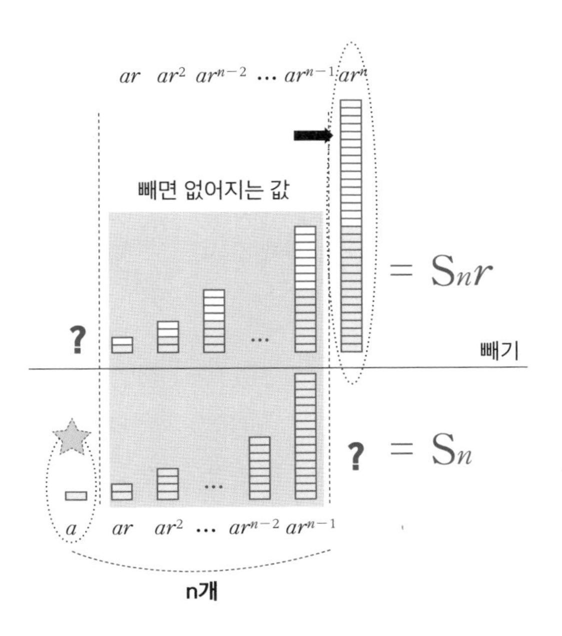

$ar \quad ar^2 \quad ar^{n-2} \cdots ar^{n-1} \quad ar^n$
빼면 없어지는 값
?
$= S_n r$
빼기
?
$= S_n$
$a \quad ar \quad ar^2 \cdots ar^{n-2} \quad ar^{n-1}$
n개

: 이상하지 않은가? :

등비수열의 합의 공식은 얼핏 이상하게 보인다.

등비수열의 합인 S_n의 값은 매우 클 것임이 틀림없는데, 그 값이 여러 항들의 합이 아니라 항들 중의 하나인 ar^n을 중심으로 계산되기 때문이다.

공식에서 보듯이 등비수열의 합은 ar^n이라는 하나의 항에서 a(작은 수)를 빼고 나서, $r-1$(별로 큰 수는 아님)로 나눈 것이다.

이런 이상한 느낌을 역이용한 수학 퀴즈가 하나 있다.

> 들판에 풀밭이 있다. 이 풀밭에서 풀이 자라는데, 그 풀이 자라고 늘어나는 속도가 매우 빠르다. 어느 정도냐면 풀이 자란 면적이 매일 두 배씩 늘어나는 것이다. 그래서 첫날 풀이 자란 면적이 1평방미터였다면 다음 날에는 2평방미터로 2배가 되는 것이다. 그다음 날에는 4평방미터가 된다. 이렇게 풀이 자라서 풀이 들판 전체를 덮는 데 12일이 걸렸다. 그렇다면 이 풀이 들판의 반을 덮는 데는 며칠이 걸렸을까?

답은 11일이다.

12일의 절반인 6일이 답이 아니다. 바로 하루 전인 11일이 답이다.

왜냐하면 풀이 두 배씩 자라기 때문이다.

그림으로 나타내면 이런 원리가 한눈에 쉽게 보인다.

공비가 2인(2배씩 커지는) 경우를 생각하자.

즉 2배씩 커지는 값을 다 합친 것을 사각형의 면적으로 표시해서 다 더해보는 것이다.

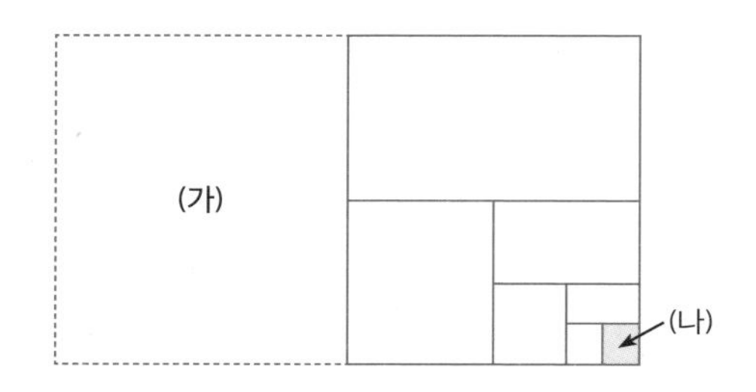

그런데 그림에서 보이듯 이 전체의 면적은 왼쪽 사각형(가) 하나의 면적과 거의 맞먹는다.

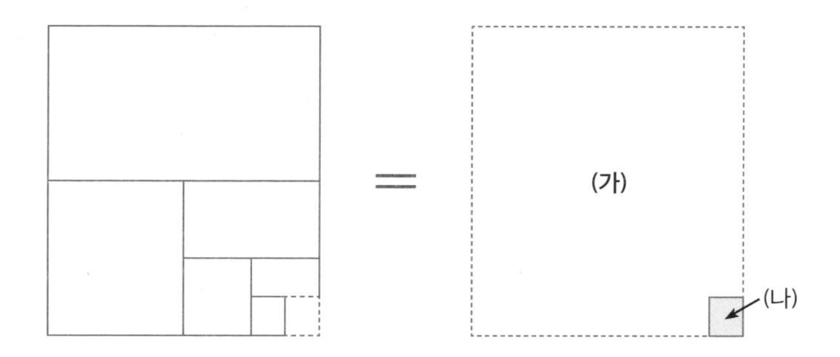

정확히 말해 등비수열의 합은 그다음 등비수열의 항 하나에서 초항을 뺀 값과 같아지는 것이다.

숫자로 표시하면 1, 2, 4, 8, 16에서, 1+2+4+8=15보다 16이 더 큰 것과 같다.

만약 등비가 2가 아니라면?

등비(r)에서 1을 뺀 값으로 나누면 이것이 조정된다.

등비가 3이거나 4라면 맨 왼쪽의 사각형 (가)가 등비수열의 합보다 훨씬 클 것이다.

그러니까 등비(3이나 4)에서 1을 뺀 값(즉, 2나 3)으로 나눠주면 정확한 값이 나오게 된다.

정리를 해보자.

수학을 잘 이해하면 웬만큼 어렵고 복잡한 것도 짧고 명확하게 이해할 수 있다.

등비수열의 합의 공식도 그러하다.

8

미분적분

: 미분적분이란 무엇인가? :

거리는 속도와 시간을 곱해서 계산할 수 있다. 거리 공식은 중학교 수학 시간에 방정식을 다룰 때 배운다.

그래프로 그리면 다음과 같다.

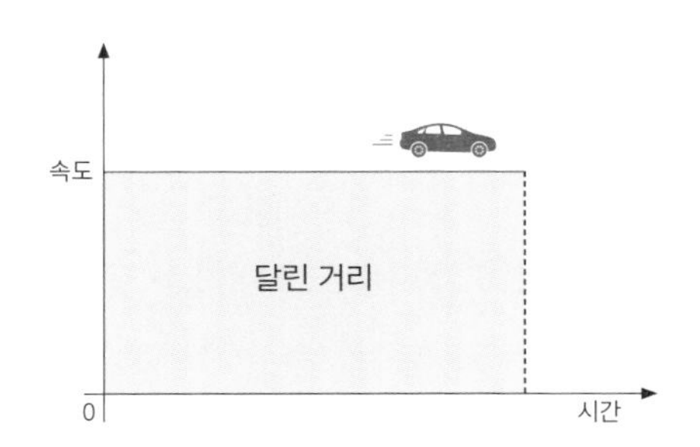

이 그래프에서 거리는 사각형의 면적으로 나타난다.

예를 들면 자동차를 타고 시속 60km의 속도로 2시간을 달린다면 120km를 가게 된다.

하지만 이런 계산법은 현실에서 거의 쓸 수가 없다.

왜? 속도는 끊임없이 변하기 마련이기 때문이다.

자동차를 타고 달린다면? 처음부터 끝까지 60km로 달릴 리가 없다.

어느 순간에는 0의 속도에서 출발해서 속도가 점점 높아지다가 맨 마지막에는 점차 다시 0으로 떨어질 것이다.

이때의 거리는 어떻게 구하지?

이걸 알기 위해서 배우는 것이 미분적분이다.

미분적분이란 변화하는 값들을 계산하는 수학이다.

이렇게 미분적분이 무엇인가에 대한 기본 개념은 간단하다.

하지만 수학책에서 그 계산법을 공부하다 보면 매우 복잡해 보이기 때문에 어려움이 많다.

'내가 도대체 무슨 계산을 하고 있는 거지?' 이런 궁금증이 생기는 것이다.

이에 대해서 내가 생각해낸 간단한 설명법은 이런 것이다.

미분적분은 변화량의 차원을 오르내리는 계산법이다.

여기서 차원이란 무엇인가?

다음의 그림으로 간단히 이해할 수 있을 것이다.

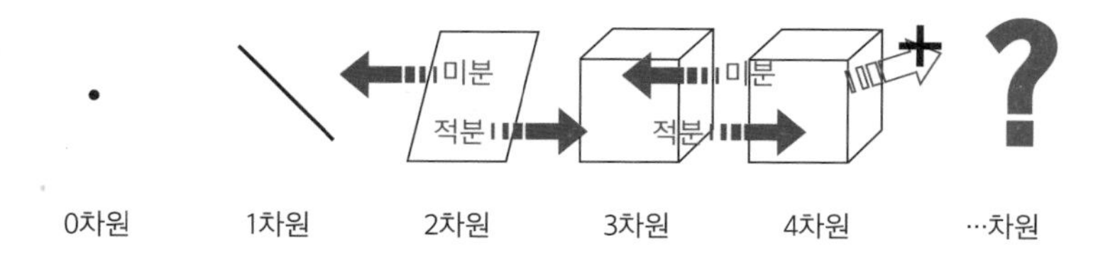

0차원은 점이고 1차원은 선이며 2차원은 면이다. 3차원은 부피이다.

여기서 미분은 한 차원 아래로 내려가는 계산이다.

그래서 부피에 대한 공식이 있으면 이것의 한 차원 아래인 면의 넓이를 구한다. 이것이 미분이다.

물론 면적에 대한 공식을 미분해서는 한 차원 아래인 선의 길이를 구한다.

반대로 적분은 한 차원 위로 올라가는 계산이다.

길이의 공식을 적분해서 이것의 한 차원 위인 면적을 계산한다.

물론 면적에 대한 공식을 적분하면 한 차원 위인 부피를 구하게 된다.

: 문제로 이해해보자 :

미분적분을 구체적인 예를 들어 생각해보자.

고등학교 수학 교과서에 나오는 문제다.

문제

밑면의 반지름의 길이가 1, 높이가 2인 직원기둥이 있다. 밑면의 중심을 지나고, 밑면과 60° 의 각을 이루는 평면으로 이 직원기둥을 자른다고 하자. 이때 생기는 두 입체 중에서 작은 것의 부피는 얼마인가?

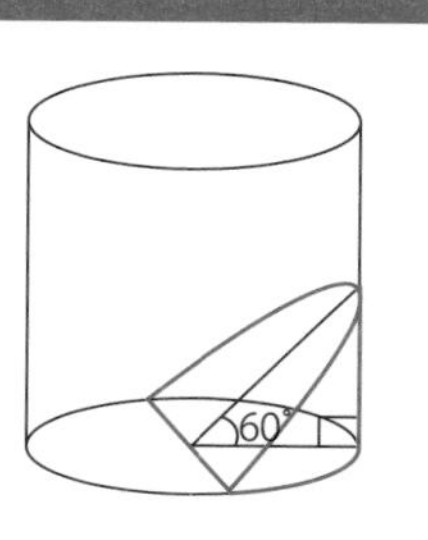

· 직원기둥: 옆면이 밑면과 수직인 원기둥.

이 문제는 그림에서 보이는 파란색 선의 입체 도형의 부피를 구하는 것이다.

원기둥 쪽의 면이 둥근 곡면이라는 것이 이 문제의 어려운 부분이다.

이 문제의 풀이 방법은 다음과 같다. (이 과정이 복잡해 보이면 대충 읽고 넘어가도 된다.)

풀이

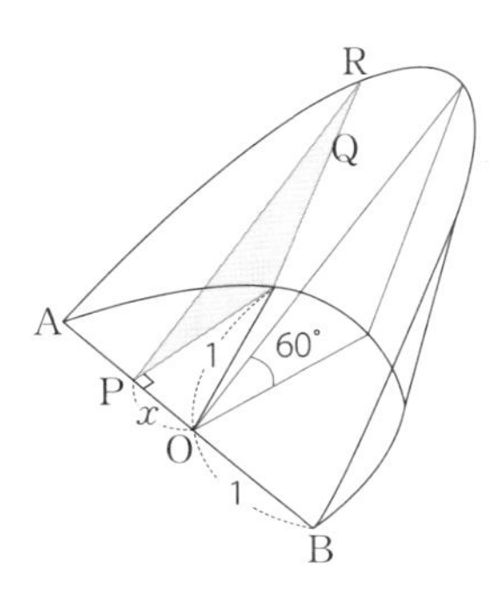

구하는 입체의 밑면인 반원의 중심을 O라 하고, 지름 $\overline{AB}$ 상에 움직이는 점 P를 잡자. P를 지나 $\overline{AB}$에 수직인 평면으로 자를 때의 단면을 △PQR이라 하자.

$\overline{OP}=x$라 하면,

$$\overline{PQ}=\sqrt{1-x^2},$$

$$\overline{RQ}=\overline{PQ}\tan 60^\circ=\sqrt{1-x^2}\cdot\sqrt{3}$$

$\therefore$ △PQR$=\frac{1}{2}\sqrt{1-x^2}\cdot\sqrt{1-x^2}\cdot\sqrt{3}=\frac{\sqrt{3}}{2}(1-x^2)$

따라서 구하는 부피 V는

$$V=2\int_0^1\frac{\sqrt{3}}{2}(1-x^2)dx=2\frac{\sqrt{3}}{3}$$

답은 $2\frac{\sqrt{3}}{3}$이다.

대충 읽었는가? 잘했다.

아직 무슨 계산을 어떻게 하는지도 모르는 단계에서 처음부터 너무 어렵게 공부할 필요는 없다.

일단 이 풀이 방법에서 무슨 계산을 어떻게 했는지만 알아보자.

우리는 문제 풀이에 있는 도형의 부피를 구해야 한다.

이를 위해서 이 입체도형을 얇게 잘라내서 그 부피를 재는 것을 생각하자.

마치 식빵 전체의 부피를 알고자 할 때 식빵을 20조각 정도로 잘라서 하나의 부피만을 알아낸 다음에 거기에 20을 곱하면 되듯이 말이다.

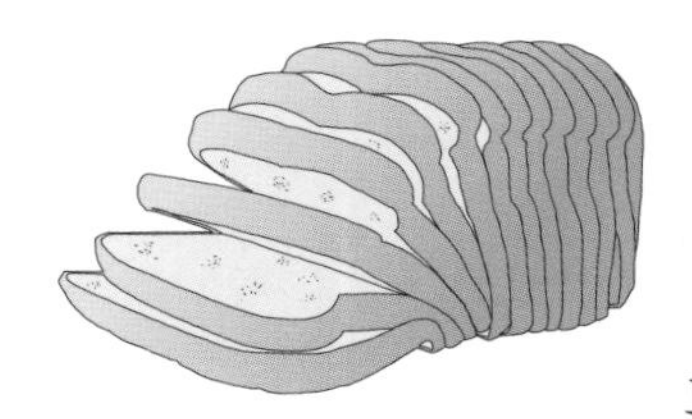

여기서 식빵 덩어리를 아주 얇게 잘라내듯이, 입체도형을 극도로 얇게 잘라내는 것이 미분이다.

도형을 매우 얇게 잘라서 두께가 거의 없다시피 하도록 한다. 그러면 식빵 한 조각에 해당하는 도형의 조각은 (두께가 없으니까) 면적만 남게 된다.

이렇게 3차원 입체에서 2차원 평면을 계산했으니 한 차원 내려갔다. 미분이다.

(이 계산이 여기서 나타났다는 말은 아니다.)

위 문제의 풀이 과정에서 수식의 세 번째 줄이 그것을 계산하고 있다.

삼각형 △PQR의 면적을 계산한 것이다.

계산 자체는 좀 복잡하지만 이 계산이 무엇을 의미하는가는 이렇게나 간단하다.

그다음 줄에서는 부피(V)를 구하는데, 적분 기호를 썼다.

즉 아주 얇은 빵조각들을 죽~ 다 더한 계산을 한 것이다.

2차원의 평면들을 다 모아서 3차원의 부피를 계산하는 것, 이것이 적분이다.

미분적분이라는 수학은 이러한 계산을 하는 방법, 즉 계산법이다.

미분적분의 의미를 다시 정리하면 다음과 같다.

미분: **변화하는 어떤 것을 아주 얇게 나누어 그 변화 조각을 계산하는 것.**

적분: **아주 얇게 나눈 변화 조각들을 쌓아서 전체 변화를 계산하는 것.**

: 미분적분의 간단한 용어 이해 :

미분과 적분을 합쳐서 '미분적분'이라고 하기도 하고, 더 간단히 '미적분'이라고 하기도 한다.

나는 고등학생 때 미적분을 처음 접하면서 '미적분'과 '미분적분'이 무엇이 다른지 궁금했다. 알고 보니 사실상 같은 말이었다.

왜 아무도 이런 설명을 해주지 않을까? 학생들이 다 알 거라고 생각하기 때문이다. 하지만 나는 처음에 몰랐고, 그래서 헤맸다. 나와 같은 학생들이 또 있을 것이다.

이런 예들은 더 찾을 수 있다.

'미분'과 '도함수'라는 말도 그중 하나다. 두 용어에는 어떤 차이가 있을까?

간단히 말하자면 '미분'은 동사이고 '도함수'는 명사이다.

어떤 함수가 있을 때 이 함수의 순간변화율(순간기울기)을 구한다.

이렇게 순간의 변화를 보여주는 함수가 도함수이다.

그리고 이런 도함수를 구하는 행위를 미분이라 한다.

따라서 우리는 어떤 함수를 '미분한다'. 하지만 '도함수한다'라고 하지는 않는다.

이것이 교과서의 용어 사용법이다.

가르치는 분들이, 학생 모두가 알 거라고 생각하면서 거의 설명하지 않고 지나가는 것들.

학생들은 공부하면서 "이런 건가?"라고 고민하다가 나중에 대충 "아, 이런 건가 보다…"라고 생각해서 부지불식간에 그것을 알게 된다.

그중에서 중요한 것이 바로 미적분의 기호법이다.

: 미분 기호의 뜻 :

$y=3x^2+6x$라는 함수가 있다고 해보자.

이 함수를 미분해서 얻은 도함수를 y'이라고 표시한다.

만약 미분을 두 번 해서 얻은 함수라면 y''으로 표시한다.

그래서 다음과 같이 된다.

$$y=3x^2+6x$$

$$y'=6x+6$$

$$y''=6$$

그런데, 미분적분을 좀더 체계적으로 배우게 되면 다른 기호법이 나타난다.

$\frac{dy}{dx}$가 그것이다. 이게 무슨 뜻일까?

$\frac{\Delta y}{\Delta x}$와 함께 설명하겠다.

수학에서 기호의 하나하나에는 모두 그렇게 쓰는 까닭이 다 있다.

미분 기호도 마찬가지다.

$\frac{dy}{dx}$에서 d는 '무한히 작은 …의 값'을 의미한다. 숫자라 생각하면 된다.

예를 들어 $d=0.0000\cdots0001$이라고 생각하자. '…'에 0이 매우 많이 들어 있다.

그리고 dx는 $d\times x$이고 dy는 $d\times y$이다.

그래서 dy는 '무한히 작은 y의 값'이라는 뜻이고 dx는 '무한히 작은 x의 값'이 된다.

$\frac{dy}{dx}$는 '무한히 작은 x의 값 분의 무한히 작은 y의 값'을 말하는 것이다.

단 여기서 분모와 분자에 곱해진 d가 같으므로 약분될 수 있다는 것을 기억하자.

처음의 $\frac{y}{x}$의 비율은 끝까지 유지된다.

한편 $\frac{\Delta y}{\Delta x}$에서 Δ는 '적당히 작은 …의 값'을 의미한다.

예를 들어 $d=0.0000\cdots0001$인데 반해 $\Delta=0.0001$ 정도라고 생각하면 된다. 역시 숫자다.

그래서 Δy는 '적당히 작은 y의 값'을 의미하고, $\frac{\Delta y}{\Delta x}$는 '적당히 작은 x의 값 분의 적당히 작은 y의 값'을 말한다.

종합하자면 $\frac{dy}{dx}$는 $\frac{\Delta y}{\Delta x}$의 극단적인 경우다. 극한이라는 말이다.

그래서 다음과 같이 쓴다.

$$y'=\frac{dy}{dx}=\lim_{\Delta x\to 0}\frac{\Delta y}{\Delta x}$$

만약 여러분이 교과서에서 설명하는 미분의 정의를 기억한다면 이 기호법이 정확히 그것을 나타낸다는 것을 알 수 있을 것이다.

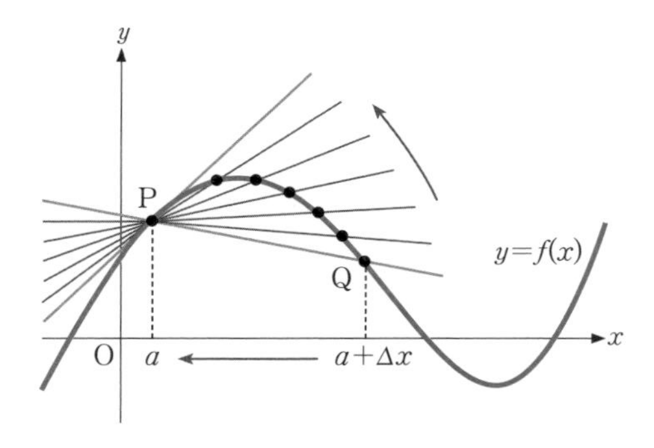

이 그림에서 Δ의 값이 점점 작아져서 극단적으로 없어지다시피 하는 것을 보여준다. (화살표가 그것을 의미한다.)

미분을 정의하는 공식도 이것을 보여준다.

$$f'(x)=\lim_{\Delta x \to 0}\frac{\Delta y}{\Delta x}=\lim_{\Delta x \to 0}\frac{f(x+\Delta x)-f(x)}{\Delta x}$$

그런데 여기서 $\lim_{\Delta x \to 0}\frac{f(x+\Delta x)-f(x)}{\Delta x}$가 갑자기 이해가 안 되는 학생들이 있을 것이다.

이것은 다음과 같이 이해해야 한다.

$$\lim_{\Delta x \to 0}\frac{f(x+\Delta x)-f(x)}{\Delta x}=\lim_{\Delta x \to 0}\frac{f(x+\Delta x)-f(x)}{(x+\Delta x)-x}$$

핵심은 분자에 있는 $x+\Delta x$와 x가 분모의 함수 f 안에 정확히 그대로 들어간다는 점이다.

다만 분자에서 x가 더해졌다가 빼기가 되어 사라졌을 뿐이다.

수학자들은 y'과 $\frac{dy}{dx}$를 같은 뜻으로 쓴다.

(이 기호법은 특히 이공계 학생들에게 익숙할 것이다.)

같은 수학자가 어떤 때는 y'이라고 쓰고 또 어떤 때는 $\frac{dy}{dx}$라고 쓰는 정도이다.

y'은 뉴턴이 쓴 표기법이고 $\frac{dy}{dx}$는 라이프니츠가 쓴 표기법이다.

(뉴턴과 라이프니츠 두 사람 모두 수학자다.)

그러면 미분을 두 번 한 y''은 라이프니츠 방식으로 어떻게 표시할까?

다음과 같다.

$$y''=\frac{d}{dx}\times\frac{dy}{dx}$$

여기서 알 수 있는 것은? 미분한다는 것은 어떤 함수(y)에 $\frac{d}{dx}$를 곱한다는 것이다.

잘 생각해보면 $\frac{dy}{dx}$에서 y 자리가 빈칸이다. 즉 $\frac{d\square}{dx}$이다.

이것을 갑자기 이해하면, 상당히 당연하면서도 새롭다.

원래 미분의 의미이기 때문에 당연하고, 그럼에도 이것을 분명히 생각한 적이 없기 때문에 새로운 것이다.

자, 이제 다음과 같이 줄여 쓴다.

$$\frac{d}{dx}\times\frac{dy}{dx}=\frac{d}{dx}\frac{dy}{dx}=\frac{d^2y}{(dx)^2}=\frac{d^2y}{dx^2}$$

전부 곱하기로 연결되었다는 점을 기억하자.

물론 제곱뿐만 아니라 3제곱, 4제곱도 똑같이 가능하다.

한편 다음과 같이 y 자리에 $f(x)$를 넣고 위치를 살짝 바꿀 수도 있다.

$$\frac{dy}{dx}=\frac{df(x)}{dx}=\frac{d}{dx}f(x)$$

이번에도 기호가 뭔가 새롭다.

하지만 사실은 역시 모든 기호들이 곱하기의 연결이므로 달라진 것은 없다.

눈에 보이는 변화 밑에 있는 불변의 의미를 이해하길 바란다.

: 적분 기호의 뜻 :

이제 적분 기호를 살펴보자.

미분과 적분이 연결되어 있기 때문에 같은 기호를 많이 사용한다.

기본적으로 dx가 적분에 같이 나타나는 것이다.

사실 알고 보면 x에는 다른 변수도 들어갈 수 있는 빈칸이므로 $d\square$가 사용되는 것이다.

예를 들어 x 대신에 t가 들어가는 경우를 자주 보게 될 것이다. (물론 거기에 또 다른 변수 기호도 들어갈 수 있다.)

이 정도를 생각하고 적분 기호에서 궁금한 것부터 알아보자.

어떤 함수를 적분할 때는 그 함수의 앞에 $\int$을 붙이고 그 함수의 뒤에 dx를 붙인다.

왜 그럴까?

비교를 해보자면, 함수 $f(x)$를 미분할 때는 그 함수의 앞에 $\frac{d}{dx}$만 붙이면 되었다. 즉 한쪽에만 기호를 붙이면 되었던 것이다.

그런데 왜 적분할 때는 함수의 앞과 뒤, 즉 '양쪽'에 기호들을 붙이는 것일까?

답은? 적분 계산의 의미를 있는 그대로 표시하기 위해서이다.

적분을 한다는 것의 의미를 기억해보자. 식이 아니라 그림으로 말이다.

이렇게.

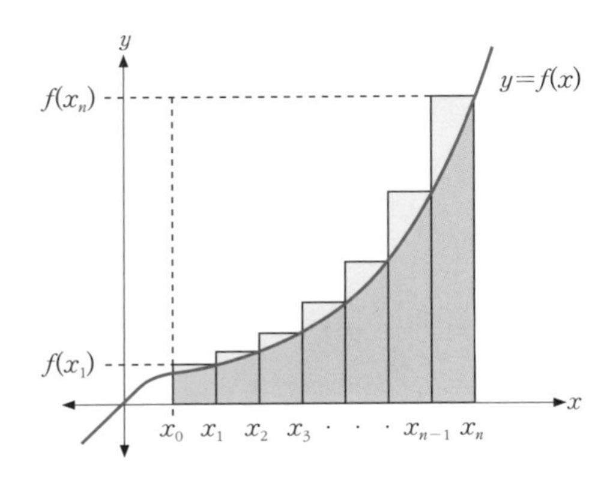

여기서 적분을 한다는 것은 각각의 네모 막대를 모두 더한다는 것이다.

네모 막대들을 가늘게 만들면서 그 전체 개수를 늘려서 말이다.

각 네모 막대는 높이가 다르고 폭은 모두 같다.

각자 다른 막대의 높이는 $f(x)$로 나타난다. $f(x)$니까, x의 값에 따라서 $f(x)$ 전체 값은 달라진다.

폭은 무한히 작은 값이 된다. 폭은 모두 dx.

면적은 높이와 폭을 곱한 것이니까, 각각의 막대의 넓이는 $f(x)$ 곱하기 dx이다. 즉, $f(x)dx$

적분은 이것을 모두 더한 것인데, 더했다는 뜻으로 $\int$을 붙인다.

그래서 $\int f(x)dx$가 된다.

그런데 왜 그냥 더하기나 Σ 기호를 쓰지 않고 $\int$을 쓸까?

그냥 '더했다'는 뜻이 아니라 '무한히 많은 것을 더했다'는 뜻을 나타내야 하기 때문이다.

이런 적분 계산의 의미를, 교과서에서는 '구분구적법'이라는 제목 하에서 설명한다.

정리를 해보자.

적분을 할 때는 두 번의 조작이 필요하다.

먼저 어떤 함수 $f(x)$에 dx를 곱해서 차원을 살짝 올린다. 이것이 첫 번째 조작이다.

높이($f(x)$)는 1차원인데, 여기에 폭(dx)을 곱하니 2차원이 된 것이다.

그다음에는 이것을 무한히 많이 더한다. 이것이 두 번째 조작이다.

그래서 각각의 조작을 나타내는 두 개의 기호가 필요하다.

이것을 한쪽으로 몰아서 쓰면 헷갈릴 테니까 앞뒤로 나누어서 쓴다.

여기서도 뒤에 붙은 dx는 곱하기로 붙은 것이라는 점을 잘 기억해야 한다.

즉,

$$\int f(x)dx = \int \{f(x) \times dx\}$$

이다.

참고로, $\int$은 무한히 많이 더하는 것이고, 반대쪽의 dx는 무한히 작게 쪼개는 것이므로 양자가 결합되어야 일정한 값이 나올 것이다.

만약 하나만 있다면 무한히 큰 값이나 무한히 작은 값이 나올 것이다.

맺음말

지금까지 고등학교 수학 중에서 학생들이 이것만큼은 이해하면 좋겠다 하는 내용들을 설명해보았다. 내용은 최소한의 것들로 선별했다. 학생들이 수학 공부를 하면서 이 정도는 이해해야 자신이 무슨 계산을 하는지 알 수 있을 내용들로 가려 뽑았다. 어떤 것은 내 경험을 기반으로 했고, 또 다른 것은 학생들이 자주 놓치는 것들을 예로 들었다.

많은 학생들이 수학 문제 풀이에 집중하느라 수학의 개념을 이해하는 데 보낼 시간이 턱없이 부족하다. 물론 고등학교 수학 문제를 푸는 데 이것만으로는 충분하지 않을 테지만, 이 책에 담은 고등학교 수학의 기본과 핵심을 이해한다면 수학 공부에 자신감이 붙을 것이다.

그래서 가능하다면 얇은 수학책, 한번에 읽을 수 있는 수학책으로 구성했다. 독자 여러분이 고등학교 수학의 큰 지형을 그리는 데 이 책을 활용해주길 바란다.